半調理醃漬常備菜！

5分鐘預先醃漬，
讓週間菜色一變三的快速料理法

Winnie范麗雯—著

CONTENTS

PART

0

什麼是半調理醃漬？

PART 1

預漬雞肉的常備菜

PART 2

預漬牛肉的常備菜

PART 3

預漬豬肉的常備菜

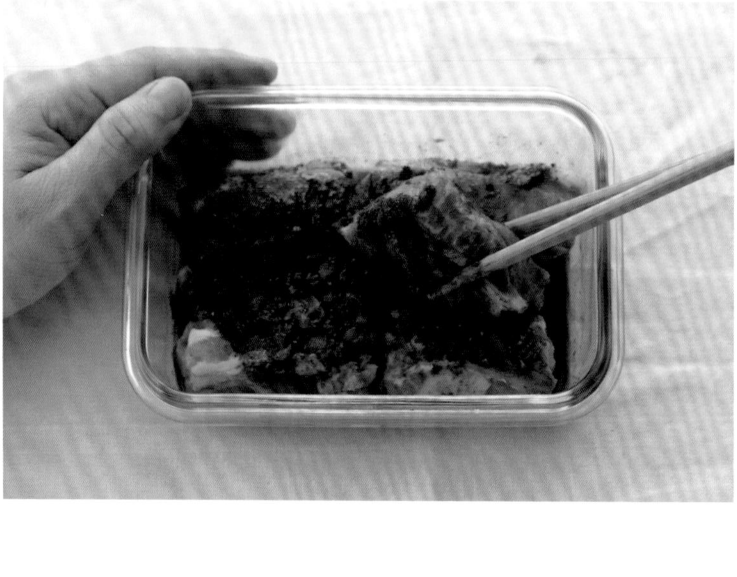

PART 4

預漬魚片與海鮮的常備菜

PART 5

預漬蔬菜的常備菜

PREFACE

一開始在著手構思這本書的主題時，我試著先將消息透露給周圍朋友或學生，發現大家都相當有興趣。雖然這些朋友、學生們都是主婦身分，但大家都想要知道如何能更簡便地做菜，因為不只是忙碌的職業婦女們有需求，天天下廚的家庭主婦也希望可以縮短料理時間啊，因為做菜真的滿費時，最好是連隔日的午餐都能一起準備好，而且還要滿足家人們的口味變化才行！

採買食材回家後的當下，我只需花一些時間預先處理，做好「半調理醃漬」再分裝，就算買多了食材，也可先醃漬後放冷凍庫。等到要烹調的當日，醃漬好的肉品或海鮮就可直接下鍋，不論煎、炒、蒸、炸、烤都相當好吃。書中示範16種醃漬配方，以每種醃漬好的食材再延伸做多樣料理，除了肉類、海鮮當主食之外，再搭配短漬的常備蔬菜，相信我，你也可以氣定神閒準備好一餐了！

在寫這本書的同時，正好工作特別滿檔，一想到明天有工作得晚一點回家時，這時我就會蹲在家裡冰箱的冷凍庫前，先選好隔天晚餐的主菜，再移至冷藏庫退冰，就能放心出門～即便晚一點回到家，每次也能準時開飯、讓先生兒子都吃得很滿足。

希望這本書的「半調理醃漬常備菜」也可以讓您優雅、輕鬆地為心愛的家人下廚！

Winnie 范麗雯

PART 0

什麼是半調理醃漬？

「半調理醃漬」是一種有效縮短每日下廚時間的日常預漬法，藉此能讓食材維持在最好的鮮度，透過調味醃漬保存各種生鮮肉品與蔬菜，而且每種預漬配方能變化出兩至三種好用菜色。

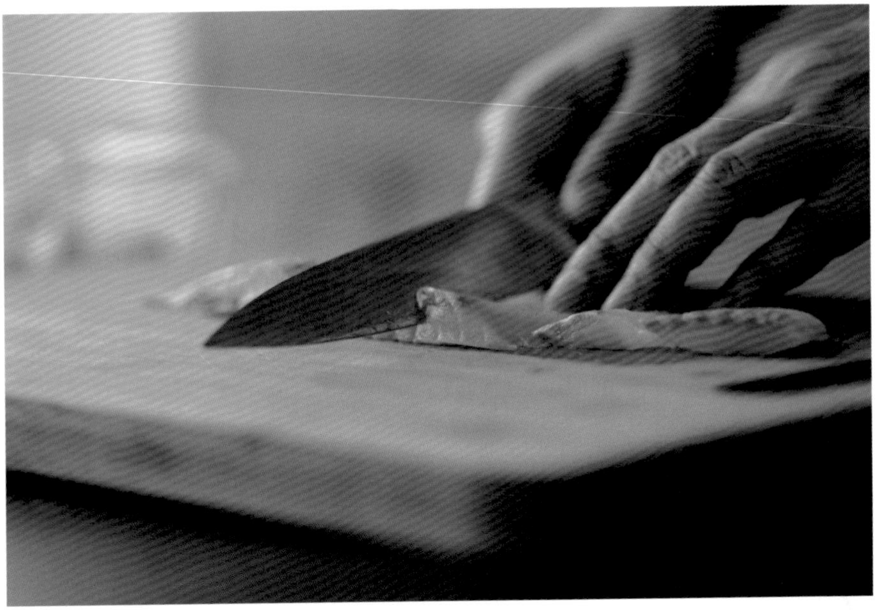

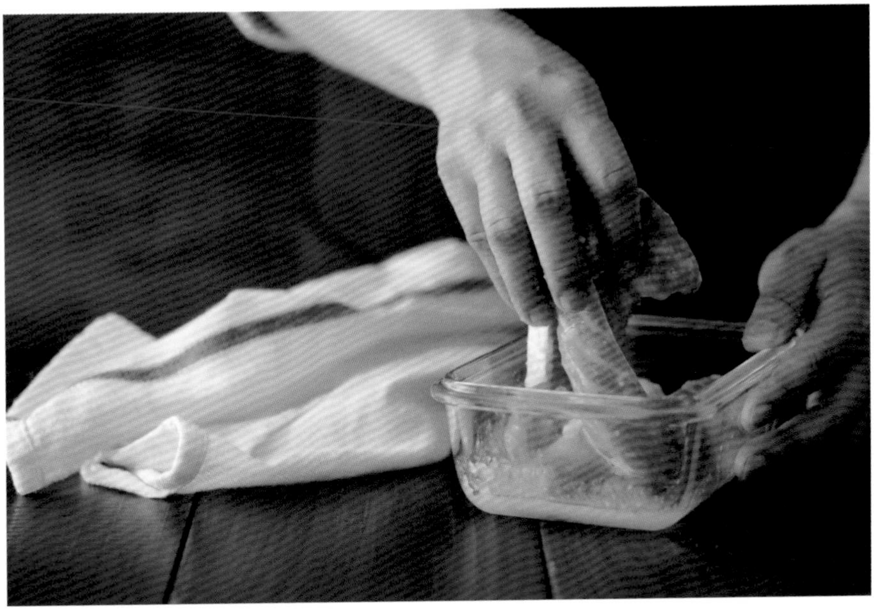

「半調理醃漬」讓料理一變三

　　「半調理醃漬」是為了縮短每餐料理時間的備料概念，通常我們買食材回家後，會放冰箱冷藏或冷凍存放，雖然保鮮，但食材會慢慢變得乾燥、美味程度不如第一天買回家時那麼好。但如果在剛買回來的當下，可以先做醃漬的動作，就能延長食材美味的時間。

　　除了能讓生鮮食材的賞味期更久一些之外，預漬的動作還能讓原本便宜、普通的食材變得更美味喔（當然，如果你買的肉品本身是昂貴的高級部位，建議還是原味烹調，才不會可惜了）。

　　同時比起直接烹調食材時做調味的方式，多了一道預漬程序的好處是食材水分會減少，醃料味道能濃縮後滲入食材中，讓食材更有風味，有些醃料還能軟化肉質。而且，醃料中使用的鹽、酒類、醬油…等，也可抑制細菌的滋生。

　　在本書中，示範了不同的醃漬方式，像是醋漬、油漬、鹽漬、香料漬、香草漬、酒漬、鹽麴漬…等，透過「半調理醃漬」之後，就能讓肉品海鮮的滋味更多變化。另外，有些配方中加入了酸性食材做醃漬，如上述所說，可以讓食材口感更佳，相當適合想做好吃料理卻又不想花太多時間下廚的忙碌族群。

　　不僅如此，「半調理醃漬」也很適合喜歡一次購買大量食材的人，比方碰到超市特價活動、量販店賣大份量食材時，你還是可以放心地買起來，只要先做好預漬，就不怕食材吃不完或煩惱要怎麼變化烹調了。

預漬過的肉品海鮮能直接下鍋煮、做變化，
縮短每天的烹調時間。

　　我在書中示範了16款肉品的醃漬配方、15款預漬蔬菜，而份量都是兩人份，可依此為基底再乘倍增量。其中，16款醃漬肉品的配方可應用在煎、炒、煮、炸、蒸、烤…等不同料理方式上，一款醃漬配方就能延伸出兩至三道料理。

　　如果你是自炊的單身者，只要先做好一款醃漬，就等於完成晚餐與明日的午餐便當菜。若是兩人小家庭的話，做一份剛好是一次烹調用的量；若需要同時準備兩人隔天午餐便當菜的話，就多取一份一起下鍋；而四人家庭或購買大量肉品的人，就再加乘上去即可。

　　將大量肉品做預漬後，建議先依家裡人口數先分裝成小包再放冷凍，在烹調的前一天晚上，將肉品先放冷藏室做解凍，隔日就可直接烹調了。但要注意的是，如果要放冷凍的時間比較長，有鹽分或醬油類的調味料得酌量減少，大約減少至最多一半的份量，烹調時再酌量調味即可，以免鹽分讓食材會越醃越鹹了。

半調理的醃漬肉品再加上預漬蔬菜，
讓餐桌的變化組合更多。

　　蔬菜屬於比較季節性的食材，在書中示範
是比較短時間的簡單漬法，比方生食或半調
理過（炒、燙、炸）再加調味料醃漬，它是臨
時加菜的好幫手，大部分的預漬蔬菜在兩天
內食用完畢會最新鮮好吃。

TRY IT

預漬蔬菜的混搭法

一週準備ABCD四道醃漬蔬菜（每道菜為兩天的份量），如
果用以下的搭法，四天就可以吃到不同的組合，A1+B1、
A2+C1、B2+D1、C2+D2。

醃漬用料認識

在開始做「半調理醃漬」之前，先認識醃料的食材，我把使用到的食材分為幾類，它們的屬性不太一樣，醃漬時需留意一下：

酸性或含酵素食材類

具有去腥、增加食物風味與軟化肉質的作用，但需特別注意，加了酸性食材做醃漬時，不可醃漬過久，太久會讓肉質變硬，就變成反效果了。如果是加了酵素的食材，同樣也不能醃過久，因為反而會讓肉質變鬆散。

1

醬油

醬油在發酵過程中會產生酸性物質，有助於軟化肉質，它獨特而複雜的香氣可增加食材風味，但醬油的含鹽量高，雖然可延長食材保存期限，但需注意時間不宜過久。

一般市面上最常見的是由黃豆（或黑豆）及小麥發酵而成的深色醬油、淡醬油、白醬油，也有用穀物發酵的生抽及老抽，本書食譜大多是使用深色醬油。

2

酒類

酒類除了能軟化肉質外，也有去腥的功能，還可使其他調味料更滲入食材之中、有助於入味。一般醃肉時，可用米酒、清酒、紅或白葡萄酒、啤酒⋯等。除了最常使用的米酒之外，啤酒比起白葡萄酒更容易取得，價格也相對便宜，很適合拿來醃肉及烹調。

3

醋

醋除了能去腥、增加食物風味及軟化肉質，還有去油解膩和開胃的效果，在中西式料理裡，很多醃漬開胃菜都一定得加醋。本書中使到的醋有白醋類的米醋、蘋果醋、白酒醋、伍斯特醬、紅酒醋…等，白色的醋比較有嗆味，如果使用量多也不用擔心，因為經過烹煮後就會比較溫和一點，很適合蔬菜醋漬使用；而黑醋（例如：紅酒醋、伍斯特醬）是比較柔和的味道，很適合用來醃漬肉類，以及料理最後的提味使用。

4

蜂蜜

除了可以軟化肉質，還能去除肉腥味。在市面上的蜂蜜有數十種，以家裡隨手常備的蜂蜜做使用即可，不需特別選購。醃肉時，一般只會用到一點點的量。

5

優格或酸奶

優格是發酵的乳製品，其中所含的酵素具有軟化肉質的作用，在中東料理中常見到被用來入菜，一般醃肉時，使用原味優格即可。不建議使用有調味的優格，因為對醃漬風味的提升並沒有太大的作用，也會影響其他調味料的味道。

檸檬汁

如果手邊沒有任何醋可用,我會直接用新鮮檸檬來入菜或醃肉,因為檸檬的果酸同樣可以軟化肉質,如果再刨點檸檬皮一起醃漬的話更棒!果皮含有檸檬精油、有助於增加風味層次,也讓其他食材也充滿檸檬的天然香氣。

油品

油能讓調味料均勻的分布附著在食材上,同樣可增加食物風味,且有保濕的作用。此外,油能形成保護膜,以隔絕食材接觸空氣而氧化,達到延長保存的效果;一般在西式的醃法上,會使用橄欖油來達到這樣的醃漬效果。

日式發酵類醃料

日式發酵類的醃料很好取得,對於台灣人來說,口味接受度也很高,本書中使用了鹽麴和味噌。

〔鹽麴〕
除了增加食材的鮮甜風味之外,它還含有酵素,能分解食物中的蛋白質以軟化肉質,但要注意鹽麴的使用量為食材量的10%左右。

〔味噌〕
味噌也有酵素,會使肉類柔軟,同時去除魚與肉類的腥味。不過,因為味噌的鹽分高,雖然具有保存食材的作用,但使用量需注意,以免過鹹。醃漬完畢後,記得將食材表面的醃料和水分先擦乾,以免在煎烤過程中很容易燒焦。

香料類與香草

　　各樣香草或香料都是「半調理醃漬」不可或缺的食材，能增加食物調理時的風味、引起食慾。我使用的類別包含了乾燥或新鮮的，書中使用了新鮮百里香，你也可以買鼠尾草、迷迭香…等；而乾燥香料的部分有紅椒粉、孜然粉、五香粉、肉豆蔻粉、胡椒粉，以及各種辛香料，例如大蒜、薑、洋蔥、辣椒…等。

　　料理用的香料或香草來自植物的種籽、葉子、樹皮、根…等，具有天然的香氣，能為肉品或海鮮去腥去味，在眾多研究中，甚至發現有抗菌和醫療的效果。一般來說，新鮮香草比乾燥的更具有芬香清新的氣息；而乾燥香料的味道較濃郁，利於長期保存。

新鮮香草的保存方式：

　　建議買小盆栽自己種，隨剪隨用最方便。如果是買超市售的香草回家，可先用水沾溼紙巾，再包覆在根莖上，用夾鏈袋密封保存，可以存放四、五天左右。而烹調方式有些不同，有的適合久煮（例如百里香、月桂葉），有些則最後再加入增香增色（例如羅勒）。

自製香料油：

　　適合加入油或水中，讓它的味道移入液體裡，即成香料油，存放在乾燥陰涼處。

自製香草碎：

　　像是常用的大蒜、薑、洋蔥、辣椒，可先一次大量切碎或以食物處理機打碎，放入瓶罐或夾鏈袋中，放冰箱冷凍保存，調理取用時就會相當方便。

常備醃漬讓冰箱更有餘裕

　　每週挑一兩樣主食材做預漬，有助於你更有效率地消化掉所採買的食材，同時，因為醃漬好的肉品、海鮮會放在保鮮盒罐或密封袋中存放，所以也能讓冰箱更整齊乾淨、不易有異味產生。

做好預漬的4個優點

1. 可避免味道滲出，不會讓整個冰箱充滿異味。
2. 使用透明保存容器盛裝預漬好的食材，有利於清楚看到內容物，不會把食材遺忘在冰箱角落而忘記烹煮。
3. 有效避免食材接觸空氣而快速腐敗，延長保鮮期限。
4. 預漬好的食材是盒裝的，方便堆疊和快速使用，冰箱不易亂亂的。

盛裝器皿使用注意

　　在本書中較多使用保鮮盒罐的類型，建議使用同品牌，因為同品牌的不同容量是經過設計的，才能方便堆疊、節省空間。再者，蓋子邊緣有凸起設計，若用相同品牌，堆疊時會讓上方盒子不易位移。另外，清洗後要收納時，即使拿掉蓋子也可重疊收納，節省儲藏空間。

1

玻璃保鮮盒

玻璃保鮮盒特別適合拿來預漬有油脂的食材，例如肉品，因為最方便清洗。但置於冷凍庫之前，需注意它本身能承受的溫度範圍是多少，以及是否為強化玻璃，以免冷凍會造成玻璃盒的爆裂。

2

金屬材質保鮮盒

比方琺瑯盒，金屬材質易與食材裡的酸性物質產生化學反應，而影響了食物的味道，所以不建議拿來做預漬使用。

3

玻璃瓶罐

玻璃瓶罐很適合裝食材體積小、醃汁多的蔬果類做「輕醃漬」，能讓食材充分浸泡在醃汁中。建議挑選強化玻璃材質，比較經久耐用；另外，上蓋設計需能有效隔絕空氣，保鮮效果才會比較好，這樣醃汁和味道才不會外漏。

4

塑膠保鮮盒

要特別注意是否為合格認證的PP聚丙烯材質，因為該材質才可耐酸、耐鹼、耐酒精及油脂。

5

保鮮袋

同樣要注意是否為合格認證的PP聚丙烯材質。用保鮮袋醃漬肉品很方便，而且只要搓揉食材就能幫助入味，其優點是能減少醃汁份量，而且讓醃汁可以完全包住食材，不用將食材另外翻面，但它偏一次性的使用。用保鮮袋預漬食材時，記得將空氣排真空，會讓醃料更入味。

可將兩天內要使用的食材量置於冷藏室，剩下的用保鮮袋分裝為一份一份。建議先平鋪袋子於鐵盤中，再置於冷凍庫，待結凍後就能取出，垂直排列在冷凍庫裡，這樣比較不佔空間並方便抽取。

如何簡化料理流程

　　吃飯是每天都要做的事，但不得不說下廚真的滿累人，即便是熟練的專職煮婦也會覺得辛苦。而且備料和前置作業的過程是最麻煩的，但「半調理醃漬」能為你省下每餐備料的大把時間，很適合想要省時省工的煮婦煮夫或單身族，還有需要準備便當菜的媽媽們。

　　我通常會在購買食材回家後，先花一點時間將食材預漬後分裝，將兩天之內會使用完畢的食材放入保存盒罐，然後放冷藏保存，剩下的食材用保鮮袋裝、並以冷凍的方式保存。隔天下班之後，只要先取出預漬好的食材，就能直接下鍋烹煮、輕鬆完成一道主菜，然後再搭配1至2份事先醃漬好的常備蔬菜，就是一頓有主菜、配菜的完整晚餐了。

　　晚飯時刻的烹調流程

1	2
只烹煮當餐料理	**烹煮當餐料理＋隔日便當**
週末做好「半調理醃漬常備菜」	週末做好「半調理醃漬常備菜」
↓	↓
分裝後部分冷藏、部分冷凍	分裝後部分冷藏、部分冷凍
↓	↓
依當餐人數取用1至2份已調理過的主食材做烹煮＋1至2份預漬蔬菜	依當餐人數取用1至2份已調理過的主食材做烹煮＋1至2份預漬蔬菜
	↓
	另取1至2份已調理過的主食材變化成便當菜，隔天再加熱回溫

#

備料處理

1

雞肉

雞皮跟雞肉間有多餘油脂,先用剪刀或菜刀切去油脂的部分。去骨雞腿和骨頭分開包裝放冷凍庫保存,待收集數量多一點時,就用來熬煮高湯。而雞翅屬於沒有什麼肉的部位,也可另外留下來,和雞腿骨一起熬高湯。

2

豬肉

一般在市場購買時,可先請肉販預先切好需要的大小,或者在超市買已分切好的部位。先依一餐份量做分包保存的動作,之後再依人數需求取用做烹調前的預漬。一般來說,豬肉都可直接煮,只有里肌排要記得斷筋跟拍平。

3

牛肉

一般在超市或量販店購買的牛肉也都是已經分切好的,不太需要額外處理。買回家後,只要用廚房紙巾將牛肉的血水先吸乾、擦乾,然後分裝,每次取一餐所需的份量大小來做預漬調味。

4

蔬菜

分為可生食或需要烹煮過這兩種類型,可生食的蔬菜例如小黃瓜、白蘿蔔、高麗菜…等,需先撒鹽靜置,待其澀水釋出;至於要稍做烹調的蔬菜,例如花椰菜、龍鬚菜、紅蘿蔔、茄子…等,得先燙過再做醃漬。

STEP

半調理醃漬

1

肉類、海鮮漬法

依據醃料特性，有些預漬得先將醃料拌勻，再加入食材。醃的時候，大塊肉類要重覆翻面、讓兩面都沾滿醃汁，小塊食材則用手抓醃的方式，讓食材表面全部沾滿醃汁。

醃漬過程中需取出整盒食材，用筷子翻面，讓食材各面都有浸泡到醃料（若用保鮮袋，醃漬時直接搓揉袋子，就不需翻面）。醃漬好的肉類、海鮮請立刻放冰箱保存，以免腐壞。

2

蔬菜類漬法

加入所有醃料於保鮮罐中，再加入處理好的蔬菜，將罐子倒置後，兩手各抓取一邊，以左右上下的方向搖一搖，讓醃料與蔬菜混合均勻。

當餐或隔日烹煮

　　如果預漬好的食材是冷凍保存的，請於前一晚先放冷藏室退冰；烹煮前，請先將食材稍微擦乾再下鍋。醃料中的香草、大蒜也要去除，不然在烹調過程中很容易會焦掉。還有很重要的一點，醃汁不能重複使用喔，如果實在不小心準備太多，得先煮滾5分鐘後放涼，再做醃漬使用；而煮滾後的醃汁也可當成料理時的醬汁使用。

　　如果是臨時要取冷凍的預漬食材直接料理的話，需為「液體很多、烹煮時間比較長」的料理方式，方可將冷凍食材直接下鍋。

　　選定當餐要烹調的主菜後，再加上利用週間做的輕醃漬蔬菜，就能減少當餐還要洗、切、下鍋的程序，每次做菜至少縮短60%以上的時間，讓你隨時都能輕鬆變出料理來。

PART

1

預漬雞肉的常備菜

CHICKEN

雞肉的前置處理

雞肉是我教料理課時很常用的肉品,它的變化很多,而且整隻雞的各個部位都適合做醃漬,將雞肉去皮醃的話會更入味,或者切小塊醃也可以。書中的雞肉醃漬配方可冷藏1-2小時後做烹調使用,最多放2天內要用完、最長可放置冷凍1個月。

雞腿

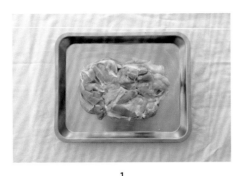

1

骨腿分成棒棒腿與雞腿兩部份，骨腿纖維較多、肉質緊實，但味道較香醇，適合紅燒、煎烤、油炸…等。由於帶骨的烹調時間較長，所以本書食譜選用去骨雞腿做醃漬，對忙碌煮婦來說更快速方便。如以煎烤方式料理骨腿，需先將雞皮面朝下入鍋，先逼出油脂後，再利用逼出的油脂煎肉的那面，就能減少用油量，這樣雞皮也會煎得比較焦脆。

雞胸

2

雞胸肉味道清淡，脂肪含量少、高蛋白質，在國外的售價其實比雞腿肉更高。但因為脂肪含量少，不適合過度烹調，煮老了就會讓口感柴澀，書中的配方能讓醃漬過的雞胸肉變軟，而在煎或煮時，通常以燜熟或泡熟的方式，好讓口感更佳；若炒食的話，則可抓醃一點玉米粉或蛋白，先將兩面煎上色後再翻炒。

翅腿

3

雞翅分為小翅腿、二節翅（分中雞翅跟雞翅尖端部位），可於切割後分別做醃漬使用。不過，雞翅尖端沒有什麼肉，可以蒐集多一點來熬煮高湯；中雞翅的肉質軟嫩，含有豐富膠質及脂肪；而小翅腿的肉質緊實有咬勁，兩者皆適合紅燒及油炸、煮湯…等。

棒棒腿

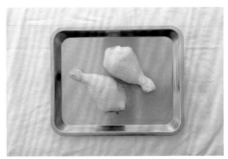

4

雞腿的下半部份為棒棒腿，特色是這部分的肉質多汁，通常都是帶骨烹調，適合烤、滷、炸、煮…等。為了避免烹調時不易熟透，可用刀沿骨邊將肉先劃開。

雞腿 · 日式家常風味

雞腿是大人小孩都愛的雞肉部位，鮮嫩細緻且多汁，選用它來做有點日式的家常口味，就能做出「龍田炸雞」、「多汁雞肉蓮藕炊飯」、「黑醋醬燴雞肉鮮蔬」這三道料理；烹調前，先去除多餘的皮和油脂，會讓口感更好、減少油膩感。

此道半調理醃漬的配方材料很簡單，包括家家幾乎都有的蒜薑末、醬油、香油…等，再加上味醂一起醃入味即可。

冷藏保存　　　冷凍保存

2天內　　　　1個月內

食材

〔份量：1盒〕

去骨雞腿肉・1隻（約400-500g）

〔醃料〕

醬油・1-1.5大匙
（可視雞腿肉大小與醬油鹹度調整）

味醂・2小匙

蒜末・1小匙

薑末・1/2小匙

香油・1/2小匙

作法

1

修掉雞腿肉多餘的皮和油脂。

2

分切成4-5cm塊狀。

3

在保鮮盒中放入雞肉，加入醃料拌一下。

4

拌勻後加蓋靜置入味，放冰箱保存。

1

雞肉・日式家常醃漬變化

龍田炸雞

「龍田」是日本奈良縣的龍田川,當地種植楓葉樹,楓葉和這道炸物顏色很像、比較偏紅,故稱「龍田揚げ」。主要使用味醂、醬油來醃肉,並且裹上一層薄薄麵粉與太白粉,是一道充滿醬香與酥脆外皮的美味料理。

食材	作法

日式家常醃漬雞腿塊・1盒
麵粉・1大匙
玉米粉・1大匙
(或太白粉或馬鈴薯粉)

1　將日式家常醃漬雞腿塊放入大碗中,加入麵粉、玉米粉抓勻。

2　熱油鍋至160度C,以中火將雞塊炸至表面金黃,撈起瀝油(如欲更酥脆的口感,可將油溫拉高至180度C再回炸一次)。

MEMO

炸粉中除了加麵粉之外,還搭配了玉米粉(或太白粉或馬鈴薯粉亦可),皆有助於凝結,並增加酥脆感。

雞肉・日式家常醃漬變化

多汁雞肉蓮藕炊飯

下班後若要準備多菜一湯，不免讓人覺得很麻煩呢，在沒時間的
日子裡，用這道炊飯來幫忙吧！在電鍋中放入耐煮的蔬菜和醃漬
好的雞肉，只要按下煮飯開關，10分鐘後就能開飯！

食材

日式家常醃漬雞腿塊・1盒
白米・1.5杯
蓮藕・6片（切4片扇形）
紅蘿蔔・30g（切絲）
豌豆莢・8片（斜切半）
檸檬皮・適量

[煮飯汁]
細砂糖・1/2小匙
味醂・1/2大匙
清酒・1/2大匙
醬油・1大匙
日式鰹魚粉・1/2小匙
以上材料再加水，共1.5杯
（因為蔬菜和雞肉含有水分，
所以亦可酌量再少一點）

作法

1　備一加鹽的滾水鍋，放入豌豆莢
　　燙熟後撈出泡冰水，瀝乾備用。

2　白米洗淨後瀝乾，再放入電子
　　鍋中。

3　倒入煮飯汁材料，鋪上紅蘿蔔
　　絲、蓮藕片、日式家常醃漬雞
　　腿塊，按下煮飯鍵。

4　煮好後，開電鍋蓋，將飯翻鬆
　　後續燜10分鐘。

5　盛飯，加上豌豆莢，刨一點檸
　　檬皮即完成。

雞肉‧日式家常醃漬變化
黑醋醬燴雞肉鮮蔬

在沒有什麼胃口的時候或炎熱夏季裡,總想吃點酸酸的料理來開胃,這道菜同樣用日式家常配方先醃好雞肉,然後用巴沙米可醋提味來燴煮,包準能夠添上好幾碗飯。

食材	作法
日式家常醃漬雞腿塊‧1盒 太白粉‧適量 蓮藕‧4片 紅椒‧1/4顆(切大塊) 黃椒‧1/4塊(切大塊) 玉米筍‧4根 茄子‧1/2根 豌豆莢‧4根 巴沙米可醋‧80ml 細砂糖‧1小匙 鹽‧適量	1 日式家常醃漬雞腿塊放入碗中,加太白粉抓一抓。 2 熱油鍋至160度C,倒入雞肉塊炸至上色,撈出瀝油備用。 3 將所有蔬菜分別下油鍋,以中火過油一下(不要到上色),撈出備用。 4 在鍋中加入巴沙米可醋、細砂糖以及少許鹽,以中大火煮至收汁剩1/2左右的量,加入雞肉和蔬菜,快速拌勻後即可熄火。

MEMO

炸蔬菜時,由於每種蔬菜熟的時間不同,所以要一一分開下鍋炸。

腿排 · 葡式香料風味

取自於葡萄牙料理中的幾種關鍵香料：紅椒粉、辣椒粉、孜然粉及天然的檸檬香味為基底來醃漬雞肉，帶有強烈的異國風味。其中，「卡晏辣椒粉」也是墨西哥或印度料理中會見到的香料，有種特殊的味道喔，當然你也可以用手邊既有的辣椒粉替換，此配方可做出簡單的烤雞串、香料燉雞，一定要試試看。

冷藏
保存

冷凍
保存

2天內

1個月內

基礎配方一變二！

2
奶油白醬香料雞
——
P.047

1
香料烤雞佐水果莎莎醬
——
P.045

食材

〔份量：1盒〕

去骨雞腿排・1副（400-500g）

作法

〔醃料〕
鹽量・肉重的1%
蒜泥・1小匙
甜味紅椒粉・1小匙
黑胡椒粉・1/4小匙
孜然粉・1/4小匙
卡晏辣椒粉・1/4小匙
（Cayenne pepper 或一般辣椒粉）
檸檬汁・1小匙
橄欖油・1大匙

1

修掉雞腿排多餘的皮和油脂。

2

將雞腿排切成大塊狀。

3

在保鮮盒中放入雞腿排，加入乾的醃料、擠入檸檬汁後先抓拌均勻。

4

倒入橄欖油後再拌一下，加蓋放冰箱保存。

44

雞肉・葡式香料醃漬變化

香料烤雞佐水果莎莎醬

以香料醃好的烤雞直接放入鍋中煎烤，再搭上加了剝皮辣椒的特製莎莎醬一起吃，製作方式非常簡單；蔬果的選用可依食譜上寫的品項，或者換成你喜歡的種類。

食材

葡式香料醃漬腿排・1盒

〔水果莎莎醬〕
草莓・100g（切4瓣）
酪梨・1/4顆（切丁）
剝皮辣椒・1條（切碎）
香菜・1束（切粗碎）
檸檬汁・2小匙
鹽・適量

作法

1　先製作水果莎莎醬，將草莓塊，酪梨丁、剝皮辣椒碎，香菜碎放入大碗中，擠入檸檬汁後加鹽調味，將所有材料拌勻，備用。

2　加熱平底鍋或橫紋烤盤，放上葡式香料醃漬腿排烤熟透至表面上色。

3　盛盤，佐上水果莎莎醬即完成。

雞肉・葡式香料醃漬變化

奶油白醬香料雞

先用卡晏辣椒粉、甜味紅椒粉、孜然粉醃漬過的雞肉有點微辣，但加上鮮奶油燴煮之後，口味就變成滑順濃厚的法式風味，搭配白飯吃或拌煮義大利麵都很適合！

食材

葡式香料醃漬腿排・1盒
洋蔥・1/4顆（切碎）
麵粉・1大匙
白酒・50ml
雞高湯・100ml
動物性鮮奶油・100ml
紅椒粉・適量

作法

1　加熱平底鍋，倒少許油，將葡式香料醃漬腿排的皮面朝下放入鍋中，煎至金黃後再翻面也煎金黃，取出備用。

2　原鍋加入洋蔥碎，慢慢炒軟，加入1大匙麵粉炒勻。

3　將腿排放回鍋中，淋上白酒煮至收汁。

4　倒入雞高湯，加蓋，以中小火燜煮10分鐘至肉熟透，淋上鮮奶油後，改以小火煮滾。

5　盛盤，撒上紅椒粉即完成。

MEMO

加入鮮奶油後，請務必以小火烹煮，以避免油水分離。

雞胸肉・舒肥原味

說到「舒肥Sous vide」這項源自法國的烹調方式，的確能讓肉品口感變得相當軟嫩，原意是把肉放進耐熱的袋子中抽真空，再低溫烹調、待其熟成。如果家中沒有舒肥機，可用電鍋稍做取代、一樣能為肉品做水浴，是簡單版的舒肥法。

以5%鹽水先預漬雞胸肉，利用滲透壓的原理讓肉質鮮嫩多汁，再放入電子鍋，就可做出現在很夯的舒肥料理。

基礎配方一變二！

2
蔥油鮮嫩雞丁飯
———
P.053

1
藜麥雞胸優格沙拉
———
P.051

冷藏
保存

2天內
（未舒肥前）

冷凍
保存

1個月內
（需倒掉醃汁）

※以上為雞肉預漬後但未舒肥過的保存期限；而舒肥後的雞肉則可冷藏2天，冷凍2週。

食材	〔醃料〕
	水 · 300ml
〔份量：1盒〕	鹽 · 15g
	細砂糖 · 9g
雞胸肉 · 1副（切2份）	月桂葉 · 1片
	黑胡椒粒 · 5顆

作法

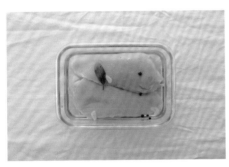

1

將醃料煮滾，放涼後倒入保鮮盒，放入雞胸肉醃4-6小時。

2

取出雞胸，以廚房紙巾擦乾水分。

3

裝入夾鍊袋中，將空氣擠出後封緊。

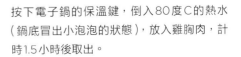

4

按下電子鍋的保溫鍵，倒入80度C的熱水（鍋底冒出小泡泡的狀態），放入雞胸肉，計時1.5小時後取出。

雞肉・舒肥原味醃漬變化

藜麥雞胸優格沙拉

雞胸肉經過低溫水溫，所以肉質變得軟嫩好入口，用它來做簡單又
豐盛的溫沙拉很適合！除了高纖的蔬菜、根莖類，還特意加了不含
麩質的藜麥，具有飽足感又攝取到豐富營養，可當成午餐輕食。

食材	作法

食材

舒肥原味醃漬雞胸肉・半副
三色藜麥・1/2杯（量米杯）
地瓜・80g
（切1cm丁，烤熟或蒸熟）
杏仁・6顆（切粗碎）
小番茄・6顆（切半）
生菜・適量

〔檸香優格醬〕
無糖優格・4大匙
美乃滋・4大匙
檸檬汁・2小匙
蜂蜜・2小匙
鹽與黑胡椒・少許

作法

1　洗淨藜麥，配上1：1的水量，
　　以電鍋或電子鍋煮熟，煮好後
　　不需燜。
2　加熱平底鍋，倒入油，放入舒
　　肥原味醃漬雞胸肉煎至兩面上
　　色，取出切丁或切片。
3　將檸香優格醬材料拌勻，備用。
4　備一大碗，放入藜麥、地瓜丁、
　　小番茄，淋上沙拉醬汁拌勻，盛
　　盤後加上生菜，鋪上雞胸肉，
　　撒上杏仁碎即完成。

MEMO

1　藜麥相當細小，可放網篩中以流水清洗，因為含有皂素，
　　需多洗幾次，將皂素洗掉。
2　不同顏色的藜麥有不同口感，因此烹煮時所需的水量也不
　　同，本食譜建議使用三色藜麥。

雞肉‧舒肥原味醃漬變化
蔥油鮮嫩雞丁飯

這道飯料理是深夜好朋友,取出半調理好的舒肥雞胸肉切丁盛在
熱飯上,加上自製油蔥酥、淋上一點香噴噴的蔥油,是超簡單的
懶人料理,也是媽媽們想偷懶時可隨時上桌的方便菜色。

食材	作法

食材

舒肥原味醃漬雞胸肉‧1/4副
白飯‧2碗
自製油蔥酥‧1/2大匙
自製蔥油‧2小匙
鹽‧少許

作法

1　將舒肥原味醃漬雞胸肉切小丁,稍微剝碎。

2　盛好熱飯,鋪上雞胸肉丁,撒上少許鹽、油蔥酥,再淋上蔥油即完成。

MEMO

美味油蔥酥和蔥油的自製方法

1　先準備紅蔥頭和能蓋過紅蔥頭量的植物油,剝去紅蔥頭外皮,切成約3mm寬的圓片。

2　加熱油至稍有溫度時,放入紅蔥頭,以中火慢慢拌炒,等紅蔥頭變成淺金黃色時,立刻倒入濾網中瀝油,此時紅蔥頭因尚有熱度,會再變更深一點而酥脆。

3　炸過紅蔥頭的油放涼後,將油蔥酥和蔥油分開,各自倒入密封罐保存,油蔥酥可冷藏兩個月、冷凍半年內用完。

4　一次做的量不要太多,盡早食用完畢,以免影響酥脆感。

棒棒腿 · 乾式鹽漬風味

乾式鹽漬（Dry brine）是在食材表面撒上鹽的一種簡單預漬方式。經過幾個小時以後，除了增加肉本身的味道外，也會將蛋白質分解變性，讓肉更具有保水力！

因為配方簡單、強調原味，所以能做的料理樣式也多，而且烤煎炸都適合，包含「蒜香培根烤棒棒腿」、「脆皮椒鹽雞翅」、「紅酒燉雞翅腿」這三道菜，讓你每天的菜色風格都不同。

冷藏
保存

冷凍
保存

2天內

1個月內

基礎配方一變三！

3
紅酒燉雞翅腿

2
脆皮椒鹽雞翅

1
蒜香培根烤棒棒腿

P.061

P.059

P.057

食材

〔份量：1盒〕

棒棒腿‧2隻（或雞翅4隻）
鹽量‧肉重的1%

作法

※ 雞翅可分切成翅腿、雞翼、尖端三部分，尖端可收集起來放冷凍，之後
拿來製作高湯用。

1

以刀子劃開棒棒腿骨的地方。

2

雞翅則分切成翅腿及雞翼。

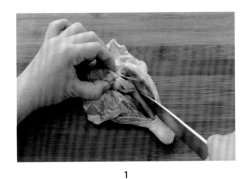

3

在保鮮盒中放入雞腿或雞翅，加入鹽按摩一下。

4

加蓋靜置1-2小時至入味，放冰箱保存。

雞肉‧乾式鹽漬變化

蒜香培根烤棒棒腿

對於喜歡肉料理的人，一定要試試這道包裹上培根肉的烤棒棒腿，因爲肉香濃郁、一次吃到不同口感，亦可剔除雞皮後再包覆培根。培根可取代雞皮的油，除了保護雞肉不會烤過乾之外，還能增加油脂。特別建議使用整塊五花肉做成的培根，而非重組的低脂培根肉喔。

食材

乾式鹽漬棒棒腿‧2隻
培根‧數片（可略）
大蒜‧1瓣（切片）
百里香‧1枝（可用乾燥的）
黑胡椒‧適量

作法

1　以培根包裹乾式鹽漬棒棒腿的表面（不喜歡培根者可省略）。
2　在烤盤上淋一點橄欖油，放上棒棒腿、百里香、蒜片及黑胡椒，最後淋一點橄欖油。
3　放入預熱至190度Ｃ的烤箱，烤30-40分鐘。
4　取出棒棒腿，以錫箔紙包起來10分鐘後再享用。

MEMO

以錫箔紙包起來靜置是為了鎖住肉汁，所以從烤箱取出後不要立刻切開食用。

雞肉‧乾式鹽漬變化

脆皮椒鹽雞翅

把鹽漬過的雞翅炸得香香酥酥、鹹味滲透到骨頭裡，再加入辣椒、蒜末拌炒出香氣，是一道大人味的下酒菜，可以乾掉好幾罐啤酒！比較不喜歡炸物的人，亦可改用煎炸的方式，一樣吮指回味。

食材

乾式鹽漬雞翅‧4隻
白胡椒粉‧適量
麵粉‧適量
辣椒‧1/2根（切末）
蒜末‧1大匙
黑胡椒‧適量
蔥花‧1大匙

作法

1　在乾式鹽漬雞翅表面撒上白胡椒粉，表面沾上薄薄一層麵粉。

2　熱油鍋至160度C，以中火將雞翅炸至表面金黃，撈出備用。

3　加熱平底鍋，倒入適量油，先將辣椒末、蒜末炒香，加入雞翅拌炒一下，撒上黑胡椒、蔥花快速拌勻後立刻熄火。

雞肉・乾式鹽漬變化

紅酒燉雞翅腿

不同於一般用中式燉煮雞翅腿的方式，改用紅酒來完成法式大菜——紅酒燉雞，讓鹽漬雞翅腿變成異國風味的料理。只要先備好半調理的雞翅腿，30分鐘就能上桌宴客，搭配馬鈴薯泥或熱飯一起享用。

食材

乾式鹽漬雞翅・4隻
黑胡椒・少許
洋蔥・70g
（切大塊，或用小洋蔥）
蘑菇・70g（切片）
麵粉・2小匙
紅酒・250ml
雞高湯・80ml
月桂葉・1片
冰奶油・10g

作法

1　將乾式鹽漬雞翅拍乾，表面撒上黑胡椒。

2　加熱平底鍋，倒入油，將雞翅煎至金黃取出，備用。

3　原鍋中加入洋蔥塊，炒至表面稍微上色，續加蘑菇片，拌炒至金黃色。

4　撒上麵粉拌炒均勻，加入步驟2的雞翅、倒入紅酒，以大火煮至剩1/2的量。

5　加入雞高湯、月桂葉，加蓋以小火煮約15分鐘，最後加入1顆自冰箱取出的冰奶油拌勻即可。

MEMO

因為高溫很容易導致油水分離，所以最後步驟多加入冰奶油，是為了讓醬汁乳化，滋味才會比較濃郁。

PART

2

預漬牛肉的常備菜

BEEF

牛肉的前置處理

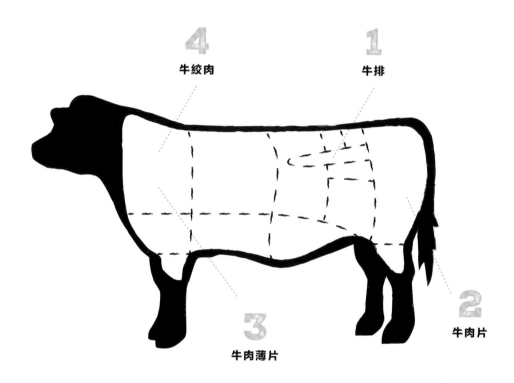

4 牛絞肉

1 牛排

3 牛肉薄片

2 牛肉片

適合醃漬用的牛肉部位是比較有口感的，例如：沙朗、後腿肉、牛腩、側腹橫肌牛排…等都適合，如果選用的部位油脂較多，先將其修掉再來醃。完成後的醃漬牛肉放冷藏，最多1天內要用完，冷凍則是1個月內用完。

牛排

1

建議使用翼板牛排、沙朗、橫隔膜中心肉、側腹橫肌牛排、腹脇肉…等,其肉質較緊實有咬勁。醃漬重點在於使用少量酸性食材來軟化肉質,例如: 檸檬汁或酒;另外也會使用橄欖油,讓醃汁能包裹在整個肉的表面,防止表面乾燥,具有保濕效果。

牛肉片

2

選擇肉質較細嫩、精瘦的部位才適合熱炒,例如牛柳、牛後腿肉、牛脊肉、腰裡脊肉、腱子肉…等。記得要先逆紋切片,先把纖維切斷,才會比較好嚼;如果是有筋的部位,先斷筋加拍打預先處理。

牛肉薄片

3

醃漬時,先將醃汁拌勻,讓牛肉吸收醃汁後,再倒入植物油拌,放冰箱醃至1-2小時。下鍋翻炒之前,要讓鍋子夠熱,並用多一點的油,另可拌入澱粉或蛋白,能讓肉質更滑;再以大火先煎至上色,再拌炒至七分熟就好。

牛絞肉

4

一般都習慣使用較便宜的部位來絞肉,但如果是要做漢堡的牛絞肉則要帶些1至2成脂肪,甚至到3成,類似像牛肩肉,做出來的口感才會柔軟多汁。或是稍微不肥的牛後腿肉、沙朗牛肉都是不錯的部位選擇,也可拿來做絞肉。

牛排‧義式香草風味

挑一個自己喜歡且口感適合做牛排的牛肉
部位，先以香草、大蒜、檸檬汁、特級橄
欖油做半調理醃漬的處理，就能變化出
「芥末籽醬煮牛排」、「香煎牛排佐綜合莓
果醋醬」、「網烤牛排桃子溫沙拉」三道很
親切的菜色，簡單做就能帶出牛肉原味，
但以不同的烹調手法呈現。

冷藏
保存

冷凍
保存

8小時內

1個月內

食材	〔醃料〕
	新鮮百里香‧1束（可用乾燥的）
〔份量：1盒〕	大蒜‧1瓣（切片）
	檸檬汁‧1小匙
牛排‧2小片（約250g）	特級橄欖油‧2大匙

作法 ※可用紐約客、沙朗、丁骨、牛小排、翼板

1

牛排放入保鮮盒，倒入檸檬汁。

2

放上新鮮百里香。

3

放上蒜片。

4

倒入特級橄欖油，將牛排兩面均勻沾裹，放冰箱保存。

牛肉・義式香草醃漬變化

芥末籽醬煮牛排

將醃漬好的牛排下鍋煎香,再以白蘭地做提味、讓酒香包圍,接著簡單製作奶油風味的芥末籽醬,溫潤醇香的醬汁慢慢滲入牛排中,另可以搭配香煎馬鈴薯一起享用。

食材

義式香草醃漬牛排・1盒
無鹽奶油・10g
橄欖油・適量
白蘭地・20ml
動物性鮮奶油・50ml
芥末籽醬・2小匙
鹽・適量
黑胡椒・適量

作法

1　加熱平底鍋,倒入橄欖油及奶油;將義式香草醃漬牛排兩面都撒上鹽與黑胡椒,先煎一面約2分鐘至金黃色再翻面煎。

2　淋上白蘭地,以大火煮至酒精揮發。

3　轉小火,加入鮮奶油及芥末籽醬,煮幾分鐘至濃稠即可熄火。

牛肉・義式香草醃漬變化

香煎牛排佐綜合莓果醋醬

品嘗牛排時，如果選擇穀飼牛或油脂比較豐厚的部位，有時候可能覺得膩口了一些，這時不妨做這道酸酸甜甜的綜合莓果醋醬，讓莓果類的微酸中和肉類在口腔中殘留的油脂感。

食材	作法
義式香草醃漬牛排・1盒 鹽・適量 黑胡椒・適量 〔綜合莓果醋醬〕 冷凍綜合莓果・30g 細砂糖・1小匙 巴沙米可醋・40ml	1　先製作綜合莓果醋醬，在小鍋加入冷凍綜合莓果及細砂糖，煮至汁出來後，加入巴沙米可醋，續煮至汁收到剩1/3量、莓果顆粒已不明顯為止。 2　加熱橫紋烤盤至很熱的狀態，於鍋面塗上薄薄一層橄欖油，將義式香草醃漬牛排兩面都撒上鹽與黑胡椒，煎至自己喜愛的熟度後，蓋上錫箔紙靜置10分鐘。 3　將牛排盛盤，搭配綜合莓果醋醬即完成。

MEMO

如果綜合莓果醬要重新加熱續煮時，需加一點水再煮。

牛肉・義式香草醃漬變化

網烤牛排桃子溫沙拉

煎牛排時，有時我會順手煎一些甜桃做配菜，其口感非常有趣、而且桃子的糖分會轉化成很棒的滋味。煎烤時，只要洗淨甜桃表面，然後直接帶皮下鍋煎即可；或者烤鳳梨片也是不錯的選擇，與牛排肉相當搭。

食材

義式香草醃漬牛排・1盒
甜桃・1顆（去籽切成8瓣）
橄欖油・適量
蜂蜜・1小匙
綜合生菜・適量
帕瑪森乳酪・適量
鹽・適量
黑胡椒・適量

〔醬汁〕
特級橄欖油・25ml
巴沙米可醋・10ml
蜂蜜・1/2小匙

作法

1　在甜桃表面一一塗上植物油和蜂蜜。
2　加熱橫紋烤盤到很熱，於鍋面塗上薄薄一層橄欖油，放上甜桃，兩面烤到有橫紋後取出。
3　將義式香草醃漬牛排兩面都撒上鹽與黑胡椒，放入烤盤中，煎至兩面都有紋路後取出，蓋上錫箔紙靜置10分鐘。
4　取一小碗，倒入醬汁材料並拌勻。
5　將綜合生菜鋪盤底，依序放上切片牛排及甜桃，淋上醬汁、刨一些帕瑪森乳酪片即完成。

MEMO

1　蓋上錫箔紙，讓牛排靜置一下，有助於肉汁鎖住且繼續熟成。
2　請選擇熟透的桃子，其甜分比較高，這樣烤的時候比較容易上色。

牛肉薄片 · 韓式辣香風味

韓式風味的料理很受台灣人喜愛,其實在家也能做出韓味料理來,只要先備好韓式辣椒粉和辣椒醬即可,而其他醃料都滿好取得的。我選用牛肉薄片做醃漬,當然你也可以依購買狀況,換成牛肉絲來炒食。韓式醬料的味道比較重,所以很適合配飯或做成飯糰食用。

冷藏
保存

冷凍
保存

2天內

1個月內

基礎配方一變二!

2
韓烤牛肉海苔飯糰

1
韓式香炒牛肉

P.079

P.077

食材

〔**份量：2盒**〕

烤肉用牛肉薄片·500g

〔**醃汁**〕
韓式辣椒粉·2大匙
細砂糖·1大匙
醬油·2大匙
韓式辣椒醬·3大匙
黑胡椒·1/4小匙
蒜末·1大匙
米酒·2大匙
植物油·1大匙

作法

1

韓式辣椒粉與細砂糖倒入保鮮盒中。

2

將其他材料放入小碗，先拌勻再倒入保鮮盒。

3

用湯匙將所有醃汁材料先調勻。

4

加入牛肉薄片，抓醃均勻，加蓋放冰箱保存。

牛肉・韓式辣香醃漬變化

韓式香炒牛肉

牛調理醃漬時，記得讓韓式醬料沾滿每片牛肉再放冰箱保存，這
樣當餐要料理時，就能立刻下鍋炒，醬料還會滲入洋蔥絲裡頭。
除了當餐吃，也適合當成便當菜喔。

食材

韓式辣香醃漬牛肉片・1盒
洋蔥・1/2顆（切絲）
蔥・1根（斜切蔥花）
水・1大匙

作法

1 加熱平底鍋，倒入1大匙油，
   底部先鋪上一層洋蔥絲。
2 加入1大匙水，上面鋪式辣香
   醃漬牛肉片，等蒸氣冒出來後
   且洋蔥絲稍軟後再開始翻炒。
3 起鍋前，撒上斜切的蔥花翻炒
   均勻即完成。

牛肉．韓式辣香醃漬變化

韓烤牛肉海苔飯糰

有一陣子很流行免捏的飯糰做法，先用韓式辣香的醃漬配方來炒肉，再與其他配料一起包進飯裡就可以，無論是當天要野餐或準備簡單派對時，這道料理就能派上用場。

食材

韓式辣香醃漬牛肉片．1盒
雞蛋．2顆
壽司用海苔．1片
生菜．2葉
白飯．2碗

作法

1 加熱平底鍋，倒入油，打入雞蛋並煎成蛋皮，備用。

2 原鍋倒入油，放入韓式辣香醃漬牛肉片炒熟取出，備用。

3 在盤子上鋪一張保鮮膜，放上海苔片（菱形方向，而非平形），先放一層白飯，鋪上炒好的牛肉片、生菜、蛋皮，再放一層白飯。

4 將海苔的四個角往內摺，飯糰會呈現方形，再以保鮮膜包好固定，用刀對切成一半即完成。

牛肉片 · 啤酒風味

啤酒能軟化肉質，是既便宜又好用的醃料品項之一，而且能讓肉的風味更加分，不過使用的啤酒量不宜過多，請依配方裡的用量（若牛肉量多，才需增加啤酒量）。與紅糖、洋蔥絲、橄欖油、蛋白一起抓醃後的肉質很軟嫩好吃，需要炒食或做牛肉煲時，這個醃漬配方都相當適用。

冷藏保存　　　冷凍保存

2天內　　　　1個月內

基礎配方一變二！

2
麻辣水煮牛肉煲

1
時蔬炒牛肉

P.085

P.083

食材	〔**醃料**〕
	啤酒‧70ml
〔份量：1盒〕	紅糖‧2小匙
	洋蔥‧1/8顆（切粗絲）
牛肉片‧220g	橄欖油‧1大匙
	蛋白‧1顆

作法　　※可用菲力、紐約、沙朗、肋眼、丁骨、牛小排

1

將牛肉片放入保鮮盒中，倒入紅糖。

2

放入洋蔥絲。

3

倒入啤酒、蛋白。

4

倒入橄欖油，抓醃均勻，加蓋放冰箱保存。

牛肉・啤酒風味醃漬變化
時蔬炒牛肉

炒牛肉是親切的家庭料理，佐搭上各種喜歡的時蔬增色，然後放入醃漬好的牛肉一同拌炒，就是一道蛋白質和纖維素都豐富的菜色。要當便當菜的話，記得選炒後不易變色或過軟的蔬菜。

食材

啤酒風味醃漬牛肉片・1盒
玉米筍・3根（縱切對半）
紅椒・1/4顆（切長條）
黃椒・1/4顆（切長條）
豌豆莢・半碗
蠔油・2大匙
太白粉・2小匙

作法

1　加熱平底鍋，倒入油，放入玉米筍、豌豆莢、紅黃椒快速炒一下，取出備用。

2　用廚房紙巾將啤酒風味醃漬牛肉片的醃汁擦乾，加入太白粉抓一下，以步驟1的原鍋熱油，放入牛肉快速炒到變色。

3　加入蠔油拌炒，再放回蔬菜快速拌勻即完成。

MEMO

炒牛肉時，記得鍋子要夠熱，油稍放多一點，將肉攤平後再入鍋。入鍋後，先不翻動，等一面上色後再開始快速翻炒。

牛肉・啤酒風味醃漬變化

麻辣水煮牛肉煲

如果想在宴客時露一手,就來試做這道水煮牛吧!這道是改編自四川口味的家常簡易版,配方有稍微做了調整,亦可依個人喜歡的辣度來調整辣椒用量。炒花椒和乾辣椒時,要注意嗆辣味道會一下子上來喔。

食材

啤酒風味醃漬牛肉片・1盒
大白菜・1/4顆(切大塊)
鹽・適量
花椒・1小匙
乾辣椒・1大匙
薑末・2小匙
蒜末・2小匙
蔥花・2大匙
太白粉水・適量
(太白粉1大匙:水2大匙)
辣豆瓣醬・2大匙
(或郫縣豆瓣醬)
高湯・200ml
花椒油・1大匙
花椒粉・少許

作法

1　將啤酒風味醃漬牛肉片瀝乾,加一點太白粉抓一下。

2　加熱平底鍋,倒入油,放入花椒及乾辣椒,以小火炒香後撈出,備用。

3　原鍋將大白菜炒熟,加一點鹽調味,稍微炒軟就熄火,倒入砂鍋中,備用。

4　原平底鍋加熱,加入一半的蔥、薑、蒜爆香,倒辣豆瓣醬炒香,淋上花椒油,加高湯煮滾。

5　轉小火,將牛肉一片一片分開下鍋,以中大火將牛肉煮熟,加太白粉水勾薄芡後倒入砂鍋中。

6　鋪上步驟2的花椒及乾辣椒,以及剩下的蔥、薑、蒜,另外取一個小鍋加熱50ml的油,淋在砂鍋中,最後撒上少許花椒粉即完成。

牛絞肉 · 香料起司風味

說到牛絞肉，就一定會想到煎得焦香、肉汁滿滿的漢堡肉排，半調理的漢堡肉排是多變的常備品。右頁的配方加了肉荳蔻粉增添香氣，還有小朋友喜愛的起司粉，再延伸做成「焗烤番茄起司漢堡排」、「洋蔥橄欖烤牛肉丸」、「炸牛肉餅佐蕈菇醬」這三道菜。

冷藏
保存

1天內

冷凍
保存

半個月內

基礎配方一變三！

3
炸牛肉餅佐蕈菇醬

2
洋蔥橄欖烤牛肉丸

1
焗烤番茄起司漢堡排

P.093

P.091

P.089

食材

〔**份量：1盒**〕

牛絞肉‧250g

洋蔥‧1/4顆（切碎並炒軟）
肉荳蔻粉‧1小撮
蛋黃‧1顆
麵包粉‧2大匙
牛奶‧1大匙
起司粉‧1大匙
鹽‧適量
黑胡椒‧適量

作法

1

在保鮮盒中放入牛絞肉和炒軟的洋蔥。

2

加入麵包粉。

3

加入肉荳蔻粉、牛奶、起司粉、鹽、黑胡椒、蛋黃。

4

揉勻至有黏性並摔打一下（用夾鍊袋就不用摔打）加蓋放冰箱保存。

牛肉 · 香料起司醃漬變化

焗烤番茄起司漢堡排

把半調理醃漬過的牛絞肉捏成小顆小顆的，為漢堡排做一點變化，在義大利料理中稱為「Pizzaiola」，是披薩風格的料理。和焗烤用起司絲、番茄泥一起送入烤箱，烤好的迷你漢堡排成品包準能抓住小朋友的心！

食材

香料起司醃漬牛絞肉 · 1盒
番茄泥 · 2大匙
披薩起司絲 · 2大匙

作法

1. 取出香料起司醃漬牛絞肉，整成橢圓形漢堡肉，稍微壓平，中間再稍微壓陷。
2. 加熱平底鍋，倒入油，放入漢堡肉，煎至兩面上色（中心沒熟沒關係）。
3. 將漢堡肉放入烤盤，表面鋪上番茄泥，撒上披薩起司絲，放入預熱至200度C的烤箱中，烤至起司融化、有點焦色即可取出。

MEMO

整形漢堡排時，以雙手互丟絞肉，讓肉排裡的空氣排出，以免煎的時候受熱空氣膨脹，而讓漢堡爆裂。

牛肉・香料起司醃漬變化

洋蔥橄欖烤牛肉丸

除了前頁的焗烤茄香漢堡排，以香料和起司醃漬過的牛絞肉也能做成大人愛的口味喔，佐上橄欖、白酒，變成義式口味！同樣進烤箱烤至香噴噴之後出爐，能當成日常主菜或簡單宴客料理。

食材

香料起司醃漬牛絞肉・1/2盒
洋蔥・1/4顆（切絲）
黑或綠橄欖・8顆（或綜合）
酸豆・1小匙
白酒・25ml

作法

1　取出香料起司醃漬牛絞肉，分成如乒乓球一樣大小（可做8顆）。
2　加熱平底鍋，倒入橄欖油，將肉丸表面煎上色。
3　於烤盤底部鋪上洋蔥絲，放上肉丸，隨意放上橄欖、酸豆，淋上白酒及橄欖油。
4　放入預熱至180度C的烤箱烤15分鐘後取出。

牛肉．香料起司醃漬變化

炸牛肉餅佐蕈菇醬

牛肉餅的吃法多多，這道料理使用炸的方式，再淋上美味醬汁一起吃。我選用新鮮蕈菇搭配日式調味料，像是伍斯特辣醬油和味醂…等，讓風味更有層次、引人食慾，製作時勾一點薄芡，好讓醬汁更滑口。

食材

香料起司醃漬牛絞肉．1盒
麵粉．適量
雞蛋．1顆（打散）
麵包粉．適量

〔蕈菇醬〕
鴻禧菇．1/2包
醬油．1/2大匙
味醂．1/2大匙
伍斯特辣醬油．1小匙
水．50ml
太白粉水．適量
（太白粉1小匙，水2小匙）

作法

1　取出香料起司醃漬牛絞肉，做成兩個牛肉餅。

2　沾上薄薄一層麵粉，拍掉多餘的粉，裹一層蛋液，再沾一層麵包粉。

3　放入油溫170度C的油鍋中，以中火炸至表面金黃色取出瀝油。

4　接著製作蕈菇醬，以平底鍋熱油，加入鴻禧菇先炒軟。

5　加醬油、味醂、伍斯特辣醬油續煮，倒入水煮滾後，加太白粉水勾芡至稠狀。

6　將炸好的牛肉餅盛盤，淋上蕈菇醬即完成。

MEMO

亦可以用煎炸牛肉餅的方式代替油炸，油量約為牛肉餅一半高度，再進行煎炸。

PART

3

預漬豬肉的常備菜

PORK

豬肉的前置處理

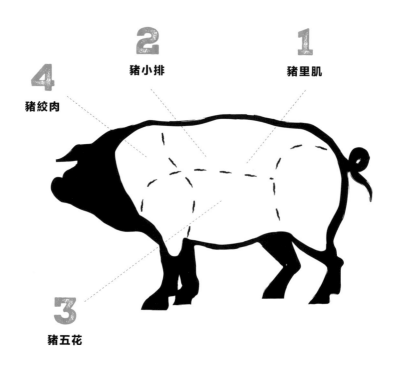

豬肉是台灣家庭最熟悉也用得最多的肉品,豬隻所有的肉塊部位都適合拿來
做醃漬使用,除了常見的豬五花,其他部位像是梅花肉、松板肉、後腿肉、
前腿肉…等,皆可切片醃漬後再做烹調。若燉煮時間長的話可順紋切,以保
留肌肉纖維;如果是快速烹調的料理,則可逆紋切。

豬里肌

1

豬里肌最常拿來做肉排，但此部位油脂少、瘦肉多，烹調不當的話容易過澀，所以需先斷筋並以肉槌拍鬆，醃漬時加上酸性或含酵素的醃料，可以軟化里肌的肉質。烹調時，建議以大火快速煎熟，或做成炸豬排。

豬小排

2

豬小排又稱里肌小排，它肉質比較有嚼勁，因此適合長時間烹調、以利入味，通常以紅燒、炸、烤…等方式來料理。

豬五花

3

豬五花肉的油脂豐富、肉味濃厚，很適合煎烤，接近前腿部位的五花肉油脂與瘦肉比例相當、最為完美，吃起來不會太油膩，口感也最好。烹調時，先將一面逼出油脂煎上色再翻面。但若使用的醃料中含有糖分的話（例如鹽麴），會很容易煎焦，建議以小火慢煎。

豬絞肉

4

建議使用胛心肉來做絞肉，比較瘦且價格平實，通常要再加些肥肉一起絞；當然五花肉、梅花肉、肩胛肉及前腿肉（油脂由多到少）也可以做絞肉。還有豬後腿肉也可以用，但注意筋的比例別太多、以免影響口感；依油脂含量的多寡，可搭配不同部位讓口感更軟嫩，通常油脂與瘦肉的比例在2：8或3：7最佳。

豬里肌・台式家常風味

豬里肌是大家都很熟悉的豬肉部位，這裡
以台灣家庭常見的醃料來製作這個配方，
不過有另外加了一些檸檬汁讓肉質更加軟
嫩，同時提味。

雖然醃料不複雜，但是醃好的豬排不管是
炸或煎烤都非常好吃，當做一餐的主菜或
是給孩子帶隔天便當也一樣美味不減喔。
如果不喜歡里肌排的口感，也可以選擇帶
點脂肪的梅花肉。

冷藏保存	冷凍保存
2天內	1個月內

基礎配方一變三！

3　孜然蔬菜豬肉捲　　　　　P.105

2　營養煎豬排吐司　　　　　P.103

1　古早味炸豬排　　　　　　P.099

食材

〔份量：1盒〕

帶骨里肌排（不帶骨亦可）‧2片

〔醃料〕
檸檬汁‧1/4 小匙
醬油‧1大匙
細砂糖‧1小匙
白胡椒粉‧適量
米酒‧1.5小匙
五香粉‧少許
蒜泥‧1小匙

作法

1

先將里肌肉排的筋切斷。

2

並以肉槌拍鬆整塊肉。

3

將所有醃料先拌一下。

4

放入里肌肉排，兩面沾上醃料，加蓋放冰箱保存。

豬肉・台式家常醃漬變化

古早味炸豬排

將帶骨的里肌肉排先做半調理醃漬後再炸，與骨相連的部分嚼起來會特別香！如果怕油炸的人，也可改為不帶骨，再用小火慢煎里肌肉排，一樣很香。

食材

台式家常醃漬豬里肌・1盒
雞蛋・1/2顆（打散）
地瓜粉・15g

作法

1 　將台式家常醃漬豬里肌放入大碗中，加入打散的蛋液拌勻，分三次慢慢加入地瓜粉，每次加入前先抓一抓，待吸收後再續加，可防止掉皮。

2 　沾好地瓜粉的豬里肌，放入油溫170度C的油鍋中，以中火炸至金黃色後撈起瀝油。

MEMO

加入地瓜粉時，一定要分次先抓勻，再繼續加，靜置等地瓜粉反潮（待地瓜粉吸收到醬汁變潮溼）後，才能炸出外酥內嫩的豬排。

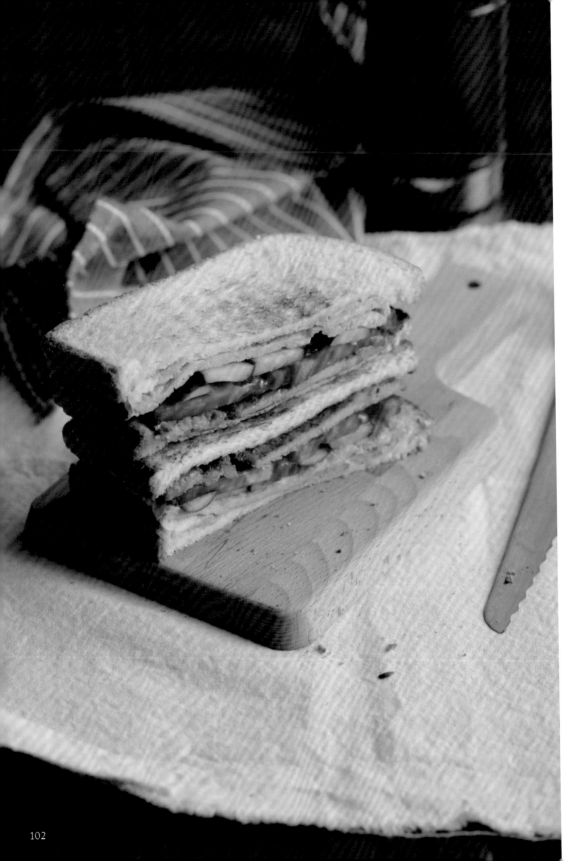

豬肉・台式家常醃漬變化

營養煎豬排吐司

平常有時間的話，可以多醃一些的里肌肉排備著，除了當晚餐，也是很方便的三明治夾料。配搭自己喜歡的時蔬、加入金黃色蛋皮，用微焦的吐司包起來，就是台灣最夯的早餐—肉排蛋吐司了，一口咬下超滿足。

食材	作法

食材

台式家常醃漬豬里肌・1盒
吐司・4片
番茄・1顆（切片）
小黃瓜・1條（縱切片）
美乃滋・適量
起司粉・1大匙
雞蛋・3顆

作法

1　加熱平底鍋，倒入油，將台式家常醃漬豬里肌兩面煎至上色後取出，備用。

2　雞蛋打入碗中，加上起司粉攪拌均勻，倒入加了油的平底鍋中煎成蛋皮後，取出分切成兩份。

3　平底鍋不加油，放入吐司煎至表面上色，或放置烤網上烤至上色。

4　在吐司上塗美乃滋，依序放蛋皮、小黃瓜片、番茄片、豬排夾起來再分切（或不切）。

豬肉・台式家常醃漬變化

孜然蔬菜豬肉捲

孜然有種特殊風味，我喜歡偶爾用它加進料理中提香、增添風味。剛好台式家常的醃漬配方和孜然很搭，用醃好的肉排捲起顏色豐富的蔬菜，特別適合給孩子們帶便當。

食材

台式家常醃漬豬里肌・1盒
紅蘿蔔・2條（切條）
蘆筍・4根
玉米筍・2根
孜然粉・1小匙

作法

1　備一加了鹽的滾水鍋，放入紅蘿蔔條、蘆筍、玉米筍燙熟後取出。

2　將台式家常醃漬豬里肌平鋪，撒上孜然粉，中間放紅蘿蔔條、蘆筍、玉米筍再捲起來，以牙籤固定封口。

3　加熱平底鍋，倒入油，放入肉捲，將外表煎至金黃色。

4　取出肉捲，靜置10分鐘後再分切裝盤。

豬小排 · BBQ風味

在沒有胃口的時候，有時會想起這道醃漬配方，BBQ燒烤醬包含了甜、鹹、酸、辣，是多樣風味的醬汁及香料組合，這裡以豬小排來醃漬，也可用肋排、軟排…等。

醃好的排骨可蒸、炸、烤，都很好吃。用這個半調理醃漬配方延伸做出來的「BBQ香烤豬小排」、「鳳梨糖醋排骨」都非常下飯，就連女生也可以吃得下好幾塊。

冷藏保存	冷凍保存
2天內	1個月內

基礎配方一變二！

1
鳳梨糖醋排骨
——
P.109

2
BBQ香烤豬小排
——
P.111

食材

〔份量：1盒〕

豬小排・4根（約400g）

〔醃料〕
紅糖・1大匙
蘋果醋・1大匙
伍斯特醬・1小匙
辣椒粉・1/2小匙
紅椒粉・1小匙
醬油・1小匙
大蒜・1瓣（切碎）

作法

1

切對半的豬小排放入保鮮盒中，倒入所有粉類醃料。

2

倒入蒜碎。

3

剩下的液體醃料也倒入，稍拌一下。

4

用筷子拌勻，加蓋放冰箱保存。

豬肉‧BBQ風味醃漬變化

BBQ香烤豬小排

醃好的豬小排要延伸做成料理非常簡單，只要有洋蔥、調味料…等，還有能夠幫助肉質更軟的啤酒就可以。將食材們一起進烤箱烤，完全不用顧火，很夠味的BBQ豬小排就能上桌啦。

食材

BBQ風味醃漬豬小排‧1盒
啤酒‧適量
洋蔥‧1/2顆（順紋切絲）
鹽‧適量
黑胡椒‧適量

作法

1　於烤盤淋上橄欖油，鋪滿洋蔥絲 排入BBQ風味醃漬豬小排。

2　淋上啤酒，約淹至小排1/3高度的量，再撒上鹽與黑胡椒，以錫箔紙封好烤盤。

3　放入預熱至200度C的烤箱，先烤40分鐘，移除錫箔紙後再烤40分鐘（中途需將小排翻一次面）。

MEMO

蓋錫箔紙燜烤是為了讓裡面有蒸煮的效果，用此方式先將肉煮熟；開蓋後再烤則是為了收汁上色（如果從頭到尾都不蓋錫箔紙，則肉會烤過乾）。

豬肉・BBQ風味醃漬變化

鳳梨糖醋排骨

糖醋的醬料滋味、總讓人抵擋不了，讓醃好並且炸得香酥的BBQ風味豬小排穿上酸甜糖衣，然後和鳳梨塊一同拌炒，就是很適合全家一起享用的家常料理了。

食材

BBQ風味醃漬豬小排・1盒
玉米粉・1大匙
鳳梨・150g（切小塊）
白芝麻・適量

〔糖醋醬〕
番茄醬・2大匙
細砂糖・1大匙
白醋・1大匙
醬油・1/2大匙
水・100ml
太白粉水・適量
（太白粉1/2大匙、水1大匙）

作法

1　取出BBQ風味醃漬豬小排，在表面沾上一層玉米粉，備用。

2　熱油鍋至160度C，放入豬小排，以中火炸至上色，撈出瀝油備用。

3　將糖醋醬的材料（太白粉水除外）倒入鍋中加熱，加入步驟2的小排煮至熟透。

4　加入鳳梨塊拌炒均勻，再以太白粉水勾芡，熄火後撒上白芝麻拌勻即完成。

豬五花 · 日式鹽麴風味

鹽麴是日本人家裡常用的調味料，用米麴與鹽發酵熟成而來，有些鹹度但味道溫和，它具有酵素、可以軟化肉品，使蛋白質被水解成氨基酸，並且帶出肉的鮮甜度，使其更軟嫩好吃。目前在台灣也能買到在地的鹽麴產品，大家可依自己的使用習慣或口味喜好選擇品牌。

鹽麴的使用量約為肉重的10%，醃漬時間至少5-6小時；如果怕五花肉脂肪太多，可用梅花或里肌燒肉片代替。

保存
方式

2天內

保存
期限

1個月內

| 食材 |

〔份量：1盒〕

豬五花肉片‧250g（帶皮或不帶皮皆可）
鹽麴‧25g（約肉重的10%）

| 作法 |

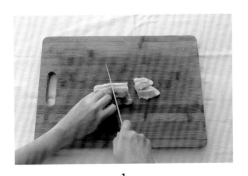
1

將豬五花肉片切成3-4cm的長段。

2

豬五花肉片放入保鮮盒中。

3

倒入鹽麴拌勻。

4

加蓋放冰箱保存。

豬肉・日式鹽麴醃漬變化

鹽麴豬五花潛艇堡

事先半調理醃漬好的鹽麴豬五花其實很百搭，最簡單的方式，就是把它煎過再拿來當成潛艇堡的主食材，和酸黃瓜、起司片、生菜夾一起就能解決一餐或當成野餐料理。

食材	作法
日式鹽麴醃漬豬五花・1盒 潛艇堡麵包・2個 黃芥末醬・適量 酸黃瓜・1條（切片） 起司片・3片 生菜・4葉 〔醃料〕 紅椒粉・1小撮 孜然粉・1小撮 黑胡椒・少許	1　將日式鹽麴醃漬豬五花放入大碗中，加入紅椒粉、孜然粉、黑胡椒抓一下。 2　加熱平底鍋，不倒油，放入五花肉，以小火炒至上色後取出，備用。 3　從中間縱切麵包，切面處抹上黃芥末醬，鋪上起司片、生菜、五花肉和酸黃瓜片即完成。

MEMO

因爲鹽麴含有糖分，很容易燒焦，所以要用小火慢慢燒烤，或將肉表面的鹽麴擦乾淨。

豬肉・日式鹽麴醃漬變化

鹽麴豬五花蒜香拌飯

鹽麴豬五花聽起來很家常，同樣簡單先煎一下，然後做成拌飯，
小心機的地方是我喜歡加一點蒜香奶油，讓它不只是家常風味，
這樣烹調後的味道會更加濃郁噴香。

食材	作法

食材

日式鹽麴醃漬豬五花・1盒
白飯・2碗
蒜香奶油・1小塊（約25g）
蔥花・適量
黑胡椒・適量

作法

1　取出蒜香奶油冰磚，放入小鍋
　　中加熱融化，備用。

2　加熱鑄鐵平底鍋，加入橄欖油，
　　放入日式鹽麴醃漬豬五花，以
　　小火將肉片煎至兩面上色，撒
　　上黑胡椒，取出備用。

3　把白飯倒入步驟2的鍋中、鋪上
　　豬五花、淋上蒜香奶油、撒上
　　蔥花和黑胡椒後熄火，上桌後
　　趁熱拌勻再享用。

MEMO

蒜香奶油冰磚的製作方法：先準備180g無鹽奶油、6瓣大
蒜、3大匙橄欖油，將無鹽奶油置於室溫下軟化，與切碎的
大蒜拌勻後，再加入橄欖油拌勻。然後一一填入製冰盒放冰
箱冷凍，凍好的冰磚脫模後放夾鍊袋再凍存。

豬肉・日式鹽麴醃漬變化

香煎豬五花佐蔥油醬

想要吃多一點肉時，就把鹽麴豬五花當成主角，淋上熱騰騰的蔥油醬能提升香味和食慾。對了，加上一些辣辣酸酸的韓式泡菜一起享用，能讓油脂感覺減少一些、變得更清爽。

食材		作法

食材

日式鹽麴醃漬豬五花・1盒

〔**蔥油醬**〕
蔥・1根（切蔥花）
黑胡椒・適量
鹽・1/8小匙
植物油・20g
香油・1小匙

作法

1 先製作蔥油醬，將蔥花放碗裡，加入黑胡椒和鹽。在小鍋中倒入植物油，加熱後熄火，沖入蔥花拌一拌，淋上少許香油，放至涼為止。

2 加熱平底鍋，不放油，直接將日式鹽麴醃漬豬五花平鋪於鍋中，煎烤上色後再翻面煎烤。

3 將肉盛盤，淋上蔥油醬即完成，可配麵飯⋯等主食一起吃。

MEMO

帶皮的五花肉特別適合做這道料理，另外可搭配韓式泡菜一起享用。

豬絞肉·義式香腸風味

在義大利料理中，有許多料理會取用去掉
腸衣的香腸來做料理，甚至在超市還會販
售不含腸衣的香腸肉。因為香腸肉經過香
料醃漬過，所以風味極佳，剛好利用來做
絞肉料理。

此配方中加了肉豆蔻粉、紅酒來提升香
氣，因此醃漬好的豬絞肉特別香。一般可
以捏成迷你肉丸做保存，或是和不同形狀
的義大利麵炒在一起，是大人或孩子都能
接受的口味。

基礎配方一變三！

3 焗烤香菇鑲肉 ── P.127

2 蕈菇香腸肉筆管麵 ── P.125

1 義式南瓜肉丸烤飯 ── P.123

冷藏
保存

冷凍
保存

2天內 ┊ 1個月內

食材

〔**份量：1盒**〕

豬後腿肉・150g
五花肉・100g

〔**醃料**〕
鹽・5g
肉豆蔻粉・1小撮
蒜泥・1小匙
黑胡椒・適量
紅酒・25ml

作法

1

兩種肉都切成8-10mm丁，或請肉販絞最粗的大小。

2

將豬肉放保鮮盒中，倒入蒜泥、鹽、肉豆蔻粉、黑胡椒。

3

倒入紅酒，稍微拌一下。

4

抓醃均勻至出現黏性為止，加蓋放冰箱保存。

豬肉・義式香腸醃漬變化

義式南瓜肉丸烤飯

這道烤飯口感比較偏印度的Pilaf（奶油烤飯），你一定要試看看！
把肉丸炒香，再和白米一起煮，之後再進烤箱烤，省去要常常翻
動炒料的麻煩，而且成品非常好吃。

食材

義式香腸醃漬豬絞肉・1盒
白米・160g
南瓜・150g（切1.5cm丁）
洋蔥・1/8顆（切碎）
白酒・25ml
高湯・210ml
無鹽奶油・10g
鹽・適量
黑胡椒・適量
葵花籽・1大匙

作法

1　將義式香腸醃漬豬絞肉揉成直
　　徑約3cm的小肉丸。

2　加熱平底鍋，倒入油，將丸子
　　煎至金黃，取出備用。

3　原鍋中倒入1湯匙特級橄欖油加
　　熱，以小火將洋蔥碎炒至變軟
　　變透明，加入奶油，以中火炒
　　一下南瓜丁。

4　倒入白米，炒約2-3分鐘，倒入
　　白酒煮至酒精揮發，再倒高湯。

5　加鹽與黑胡椒拌炒一下，待煮滾
　　後，鋪上小肉丸，加蓋放入預
　　熱至180度C的烤箱烤18分鐘。

6　取出後，燜10分鐘再開蓋，將
　　飯挑鬆後盛入碗中，再撒上葵
　　花籽即完成。

MEMO

建議用較不黏稠的米做這道飯料理，口感才會最佳，例如：
台梗9號、台中194號或壽司米…等。

豬肉・義式香腸醃漬變化

蕈菇香腸肉筆管麵

具有森林香氣的蕈菇，加上培根醃肉，是一道托斯卡尼很有名的義大利麵Boscaiola，語意為樵夫，樵夫令人聯想到森林，在這裡改以醃漬過的香腸肉取代培根來製作。

食材

義式香腸醃漬豬絞肉・1盒
義大利筆管麵・160g
綜合菇類・150g
（切適口大小）
大蒜・1瓣（去皮拍扁）
鹽・適量
黑胡椒・適量
巴西利・適量（切碎）

作法

1　備一加了鹽的滾水鍋，依包裝指示的時間再減1-2分鐘煮筆管麵。

2　同時間加熱平底鍋，倒入橄欖油，將大蒜炒香後取出丟棄，加入菇類及義式香腸醃漬豬絞肉炒至些微上色。

3　加一點煮麵水，倒入步驟1的筆管麵拌炒均勻，以鹽與黑胡椒調味，撒上切碎的巴西利後盛盤即完成。

豬肉・義式香腸醃漬變化

焗烤香菇鑲肉

許多孩子不愛香菇，但是把絞肉塞在香菇裡，再加上起司絲，再進烤箱烤，這道料理就變得很下飯。烤過的香菇帶有水分，能讓絞肉更加濕潤；若換成櫛瓜、甜椒鑲肉也不錯。

食材

義式香腸醃漬豬絞肉・1盒
起司粉・5g
麵包粉・1大匙
雞蛋・1/2顆（打散）
披薩起司絲・適量
大型香菇・5-6朵（去蒂）
橄欖油・適量

作法

1　將義式香腸醃漬豬絞肉、起司粉、麵包粉放入大碗中，加入蛋液拌勻。

2　將步驟1填入香菇中。

3　於烤盤淋上橄欖油，放上香菇鑲肉，鋪上披薩起司絲，再淋上橄欖油。

4　放入預熱至200度C的烤箱，烤20分鐘至起司微微上色即可取出。

PART 4

預漬魚片與海鮮的常備菜

SEAFOOD

魚片與海鮮的前置處理

魚片和海鮮是本身就很鮮甜的食材,所以本章的醃漬法主要以去腥為重點,或是增加不同風味之用。醃漬時,最好不超過30分鐘,不然有的醃汁是酸性的,會讓食材熟化了,需特別注意(放冷凍可減緩醃漬速度,如果沒時間料理,可先暫置冷凍)。

若你買到是肉質稍硬的魚類,其醃漬時間可以比較長、稍醃久一點點;若使用的是鹽漬或味噌…等不含酸性的食材,醃漬也可久一點。其他還有示範油漬的方式,它能夠除去海鮮的腥味,並且避免互相沾黏住,同時加速香料的風味滲入肉質組織裡。

鮭魚

1

鮭魚是香氣濃郁、油脂豐厚的魚種，因為油脂豐厚，即使煮過頭了，肉質也還保有一定的濕潤度。煎烤鮭魚前，先將醃汁擦乾，讓皮面朝下放入鍋中，不要翻動，等邊緣開始變白色再翻面；若是蒸煮的話，時間約20分鐘。另外，書中提到醃鮭魚的配方，也適用於鮪魚、鯖魚、旗魚、魠魠魚、鱈魚…等。

白肉魚

2

白肉魚是許多忙碌媽媽常買的種類，像是鱸魚、鯛魚、鯰魚、魴魚…等。白肉魚的油脂少、味道較清淡，煎、烤、煮、炸皆可。煎魚時，先拍上薄薄一層麵粉，同樣皮面朝下再入鍋，不時將鍋底的油澆淋在魚身上，等邊緣開始變白色再翻面，如此可煎出外酥而內嫩的魚排。

中卷

3

中卷又名透抽，口感軟而Q，切忌烹煮過久，以免口感變硬了。本篇章裡醃中卷的配方同樣適用於花枝、軟絲、小卷…等鎖管類。拌炒中卷時，可先將中卷快速燙一下，炒的時候就不會出水。

蝦仁

4

最好購買帶殼的蝦子，再自己剝殼去腸泥。蝦仁本身就是很鮮甜的食材，只要稍微去腥即可，以玉米粉及少許鹽抓洗乾淨，再用廚房紙巾擦乾，然後加入醃料調味即可。要注意蝦仁容易煮過頭，需待水滾再下鍋汆燙，或待鍋中的油夠熱再下鍋快炒。

鮭魚 · 日式味噌風味

對於不喜歡魚刺的人來說，鮭魚應該是很
常買的魚片品項之一，但要用比較不鹹的
白味噌來做醃漬，因為鹽分含量過多的味
噌容易讓食材醃得過鹹或讓肉質變硬。

加入味醂是為了調整味噌鹹度且增加甜
味，需醃漬1天以上才能入味。烹調前，
需用廚房紙巾將味噌擦拭乾淨，以免煎的
時候容易燒焦了。

冷藏
保存

2-3天

冷凍
保存

1個月內

基礎配方一變三！

3　　2　　1

鮭　　香　　平
魚　　煎　　底
馬　　芝　　鍋
鈴　　麻　　燜
薯　　味　　烤
可　　噌　　味
樂　　鮭　　噌
餅　　魚　　魚
　　　塊

P.139　P.137　P.135

| 食材 |

〔份量：1盒〕

厚切鮭魚・200g

〔醃料〕
味醂・1大匙
白味噌・2大匙

| 作法 |

1

將味醂和白味噌倒入小碗中拌勻。

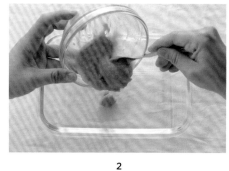

2

把步驟1的醃料倒入保鮮盒中。

3

放入鮭魚排，兩面都沾上醃料，加蓋放冰箱保存。

4

要下鍋烹調前，需先擦乾醃料。

魚片・日式味噌醃漬變化

平底鍋燜烤味噌魚

燜烤方式很適合厚切的鮭魚,加上菇類和紅蘿蔔做配色,加蓋錫箔紙讓味噌慢慢滲入魚肉中,這樣魚肉就不會老掉。煮好的成品會有醬汁的部分,可以讓你多吃好幾口飯。

食材	作法
日式味噌醃漬鮭魚・1盒 紅蘿蔔・25g(切條狀) 鴻禧菇・70g 蔥花・適量	1　取出日式味噌醃漬鮭魚,擦乾表面的醃料。 2　將錫箔紙平鋪後塗一層油,放上鮭魚、紅蘿蔔條、鴻禧菇,內摺錫箔紙封起來。 3　加熱平底鍋不放油,置入步驟2的錫箔包,蓋上鍋蓋,以中火煮3分鐘後,改小火煮10分鐘。 4　盛盤,撒上蔥花即完成。

魚片 · 日式味噌醃漬變化

香煎芝麻味噌鮭魚塊

把半調理醃漬過的鮭魚切成小塊,沾上黑白芝麻再香煎過,咀嚼時會覺得魚肉多了芝麻香氣和口感層次,酥酥香香的,配飯或者夾三明治都很好吃!

食材

日式味噌醃漬鮭魚 · 1盒
(切小塊)
白芝麻 · 2大匙
黑芝麻 · 2大匙

作法

1　將白芝麻與黑芝麻拌勻,將日式味噌醃漬鮭魚塊表面均勻裹上芝麻。

2　加熱平底鍋,倒入油,將鮭魚四面煎熟後取出。

MEMO

如果鮭魚太厚的話,裹好芝麻後,先將四面煎至金黃,再放入烤箱,以150度C烤約10分鐘至熟透。

魚片 · 日式味噌醃漬變化

鮭魚馬鈴薯可樂餅

說到可樂餅，不但大人喜歡，小孩也會願意吃，先把帶有味噌風味的魚肉弄碎，和馬鈴薯泥一同混合再簡單調味，之後下鍋炸得金黃香酥～上桌後絕對是被立刻搶食的主菜。

食材

日式味噌醃漬鮭魚 · 1盒
馬鈴薯 · 400-500g
（切小塊）
麵粉 · 適量
雞蛋 · 1顆（打散）
麵包粉 · 適量
鹽 · 適量
黑胡椒 · 適量

〔芥末美乃滋醬〕
美乃滋 · 2大匙
芥末醬 · 1小匙

作法

1　將馬鈴薯塊與日式味噌醃漬鮭魚一起蒸熟，趁熱用叉子壓碎薯塊和鮭魚。

2　馬鈴薯泥、鮭魚肉倒入大碗中，以鹽與黑胡椒調味，分成10份，整成圓餅狀。

3　將鮭魚餅沾一層麵粉，再沾蛋液、麵包粉，依序把鮭魚馬鈴薯餅處理完。

4　加熱平底鍋，倒入油（約鮭魚餅一半的量），將鮭魚馬鈴薯餅兩面煎炸至金黃；或以170°C的油溫，以中火炸至表面金黃。

5　把芥末美乃滋醬材料調勻，和鮭魚馬鈴薯餅一起享用。

MEMO

先蒸鮭魚15分鐘後取出，再放馬鈴薯一起蒸15分鐘，這樣會更節省時間；之後再以叉子確認是否可輕易穿透馬鈴薯。

白肉魚 · 萬用鹽漬風味

因為是鹽漬，所以只使用了鹽和米酒來做半調理，能讓食材的水分釋出，使肉質更緊實，魚肉鮮味也更濃縮。因為醃漬後的味道單純，所以能與各種食材配搭在一起，進而做出跨國籍的白肉魚排料理來。比方和番茄搭在一起，做成義式煮魚；純粹放入奶油和杏仁片，做成環地中海料理；又或者放了台灣的原住民香料——馬告，搖身一變成為有點豪邁的魚料理，變化很多。

冷藏保存	冷凍保存
1小時內	1個月內

基礎配方一變三！

1 義式番茄煮魚 —— P.143

2 奶油香煎杏仁片魚排 —— P.145

3 燜烤馬告魚排 —— P.147

| 食材 |

〔份量：1盒〕

白肉魚排‧2片

〔醃料〕
鹽‧少許
米酒‧1小匙

| 作法 | ※ 鯛魚、鱸魚、比目魚…等都可以使用

1

將白肉魚排放入保鮮盒中，淋上米酒。

2

在魚排表面撒上鹽並抹勻。

3

靜置一下，待其出水，加蓋後先放冰箱保存。

4

要烹調前，需擦乾魚排表面水分。

白肉魚 · 萬用鹽漬變化

義式番茄煮魚

這是義大利家常風味的煮魚，可用新鮮番茄或者罐頭番茄烹調出更濃厚的番茄風味，還加入了橄欖、酸豆、白酒一起煮，就是非常開胃的魚肉料理了；煮魚之後的湯汁很香，可別浪費囉。

食材	作法
萬用鹽漬白肉魚排 · 1盒 小番茄 · 10顆（切對半） 大蒜 · 1瓣（切片） 黑或綠橄欖 · 5顆 酸豆 · 1大匙 白酒 · 50ml 巴西利 · 適量（切碎）	1　加熱平底鍋，倒入橄欖油，將大蒜片炒香。 2　放入萬用鹽漬白肉魚排，以中小火略煎，加入小番茄、倒入白酒煮一下。 3　倒入酸豆、橄欖，加蓋燜煮至魚肉熟後開蓋。 4　盛盤，撒上巴西利碎即完成。

白肉魚・萬用鹽漬變化

奶油香煎杏仁片魚排

讓杏仁片香氣包覆醃漬過的白肉魚排，再煎得表面微微酥香，口味不複雜卻能充分嘗到魚肉本身的原味和口感。也可以用其他不帶皮的白肉魚排來試這一道做法。

食材

萬用鹽漬白肉魚排・1盒
黑胡椒・適量
麵粉・適量
無鹽奶油・20g
杏仁片・15g

作法

1　在萬用鹽漬白肉魚排上均勻撒黑胡椒，然後表面沾麵粉，再拍掉多餘的粉。

2　加熱平底鍋，倒入1大匙橄欖油及一半量的奶油，開始冒泡泡時，放入魚排，將兩面煎至金黃色，盛起放盤中。

3　原鍋加入剩下一半的奶油，加上杏仁片炒約1分鐘，至呈現淺棕色後，淋到魚排上。

MEMO

煎魚排時，可不時將鍋子傾斜，以湯匙舀油澆淋在魚身表面，待魚身邊緣轉成白色後，才翻面煎另一面。

白肉魚‧萬用鹽漬變化

燜烤馬告魚排

「馬告」是我們台灣原住民常用的在地香料之一，又名山胡椒，它同時具有黑胡椒、薑與檸檬的香氣，很適合來烹煮魚類，能讓清淡的白肉魚變成特殊風味。

食材

萬用鹽漬白肉魚排‧1盒
大蒜‧1瓣（切碎）
白酒‧100ml
巴西利或歐芹‧1枝（切碎）
馬告‧1/2大匙

作法

1　在烤盤底部淋橄欖油，先放入萬用鹽漬白肉魚排，鋪上蒜碎、巴西利碎及馬告，再淋上白酒及適量橄欖油（約魚身1/3高度的量）。

2　以中火煮滾後，蓋上烘焙紙，放入預熱至180-200度C的烤箱烤7-8分鐘後取出即完成。

MEMO

除了馬告，也可用綠胡椒代替。綠胡椒烤魚是義大利威尼斯所在的Veneto大區的當地特色菜餚，綠胡椒的辣度比較低，具有新鮮胡椒的香氣、風味特別。

中卷 · 檸香油漬風味

半調理常備菜也能用油漬的方式來處理，用清香的檸檬汁稍做去腥，並以橄欖油慢漬入味，這個配方很有地中海料理的感覺，就算是廚房新手，也很容易完成又非常好吃。用此醃漬配方可以做出「鹹蛋炒中卷」、「醬燒馬鈴薯中卷」、「泰式中卷沙拉」這三道菜，前兩道都相當適合預留一點當隔天中午的便當喔。

冷藏保存　30分鐘內

冷凍保存　1個月內

食材

〔份量：**1盒**〕

中卷・1隻（大的，約250g）

〔醃料〕
檸檬汁・1大匙
橄欖油・1大匙

作法

1

將中卷切成1.5cm的圈狀。

2

中卷放入保鮮盒中，倒入檸檬汁。

3

接著倒入橄欖油。

4

抓醃一下，加蓋放冰箱保存。

中卷 · 檸香油漬變化

鹹蛋炒中卷

鹹鴨蛋是很好入菜的食材,它的蛋黃油脂豐厚又具有甘甜綿密的口感,而蛋白鹹而軟嫩,將它分別下鍋與中卷拌炒,料理出不同的口感與香味層次,非常簡單又下飯!

食材	作法
檸香油漬中卷 · 1盒 鹹蛋 · 1顆 大蒜 · 1顆(切碎) 辣椒絲 · 少許(可省略)	1　將鹹蛋分成蛋白跟蛋黃,蛋白切碎,備用。 2　加熱平底鍋,倒入油,放入蒜碎炒香後,加鹹蛋黃炒至冒泡泡的程度,倒入檸香油漬中卷拌炒均勻。 3　最後撒上蛋白拌一下,放上辣椒絲裝飾即完成。

MEMO

事先用水快速燙一下中卷,可避免在炒的時候出水,影響成品口感。

中卷 · 檸香油漬變化

醬燒馬鈴薯中卷

選用日式醬料來燒這道菜，等待馬鈴薯煮得鬆軟綿密，並且和中卷一起變得甜甜鹹鹹的，就會非常下飯好吃！是小朋友也會很愛的一道料理～最後再加上白芝麻增添美好的香氣。

食材	作法

食材

檸香油漬中卷 · 1盒
馬鈴薯 · 1顆
（切2-3cm立方塊）
白芝麻 · 適量

〔**醬汁**〕
醬油 · 1.5大匙
米酒 · 1/2大匙
細砂糖 · 1小匙
味醂 · 2大匙

作法

1　備一滾水鍋，放入馬鈴薯塊煮3分鐘，撈起瀝乾，備用。

2　取一小碗，倒入醬汁材料調勻；另外準備滾水鍋，快速燙一下檸香油漬中卷後取出，備用。

3　加熱平底鍋，倒入油燒熱，倒入馬鈴薯塊，煎至表面上色，從鍋邊淋入拌勻的醬汁，加入中卷，燒到汁收乾後熄火。

4　最後撒上白芝麻即完成。

中卷 · 檸香油漬變化

泰式烤中卷沙拉

在夏天裡很適合食用這道簡單的泰式風味沙拉，有別於用滾水氽燙中卷的吃法，這裡改以平底鍋先做煎烤的方式，可以保留住醃汁的香氣。

食材

檸香油漬中卷 · 1盒
芹菜 · 1枝（切5cm段）
洋蔥 · 1/4顆（逆紋切絲）
小番茄5顆（切對半）
小黃瓜 · 1/2根（切斜片）
香菜 · 1束

〔泰式酸辣醬〕
辣椒 · 1根（切碎）
蒜末 · 1小匙
檸檬汁 · 1.5大匙
魚露 · 1.5大匙
細砂糖 · 1大匙

作法

1　將洋蔥絲泡冰水，以去除辛辣味，取出瀝乾水分，備用。

2　平底鍋加熱，但不加油，以不重疊的方式，將檸香油漬中卷鋪在鍋中，煎烤兩面至熟透後取出，備用。

3　將泰式酸辣醬的材料拌勻成醬汁，備用。

4　將步驟2瀝乾水分的中卷、芹菜段、洋蔥絲、小番茄、小黃瓜片、香菜混合，淋上步驟3的醬汁拌勻即完成。

蝦仁‧香辣風味

新鮮蝦仁通常是非常鮮甜的，但除了嚐原味之外，有時不妨和卡宴辣椒粉一起醃漬，偶爾嘗試香辣的風味也很棒！配方中還加了蜂蜜、檸檬汁提味，讓整體滋味更加有層次。

醃好的香辣蝦仁可以做出「辣蝦仁櫛瓜義大利麵」、「烤鮮蝦酪梨沙拉」、「油泡香辣蒜味蝦佐烤麵包片」這三道菜，這樣主食、沙拉、小點就能一次完成。

冷藏
保存

冷凍
保存

30分鐘內

1個月內

食材

〔**份量：1盒**〕

蝦仁‧200g

〔**醃料**〕
卡晏辣椒粉‧1小匙（或一般辣椒粉）
蜂蜜‧1小匙
檸檬汁‧1小匙
大蒜‧1瓣（切片）

作法

1

將蝦仁洗淨，用牙籤在靠近尾端處去除腸泥。

2

蝦仁放入保鮮盒，倒入蜂蜜、卡晏辣椒粉。

3

擠入檸檬汁。

4

加入蒜片後抓醃一下，加蓋放冰箱保存。

1

蝦仁・香辣風味醃漬變化

辣蝦仁櫛瓜義大利麵

有時想偷懶下廚、不要煮那麼多道菜時,各樣的義大利麵料理真的會讓你省事很多,而且醃漬好的蝦仁會讓麵更香。櫛瓜絲是我很常用的配料,你也可以換細蘆筍、甜椒絲…等。

食材

香辣醃漬蝦仁・1盒
櫛瓜・1/2根(切5cm長條)
義大利麵・180g
鹽・適量
黑胡椒・適量

作法

1　備一滾水鍋,加入鹽(約麵重量的1-0.7%),依包裝指示再減1-2分鐘煮麵。

2　加熱平底鍋,倒入油,將香辣醃漬蝦仁兩面煎至變色。

3　加入步驟1的義大利麵、櫛瓜條,倒適量煮麵水或蝦高湯充分拌炒均勻,最後淋上橄欖油,拌炒至乳化,最後以鹽、黑胡椒調味即完成。

MEMO

蝦子去除的頭及殼可留下做蝦高湯,能讓義大利麵鮮味更濃!製作方式如下:

1　加熱鍋中的橄欖油,放入蝦頭及殼,以小火炒至變紅色。

2　倒入少許白酒或白蘭地,煮至酒精揮發,再倒入蓋過蝦的水,煮滾後不加蓋,轉小火煮約30分鐘,瀝掉蝦頭及殼後即為蝦湯(可打碎再過濾,味道比較濃;如果是做濃湯,可以直接打很碎很碎。)。

蝦仁．香辣風味醃漬變化

烤鮮蝦酪梨沙拉

酪梨又稱「牛油果」，可以了解它含有非常豐富的植物性油脂，它的油潤果香與蝦子的鮮甜相當搭配。食譜中用了一點香菜來提味增色，如果實在不喜歡香菜的人，可自行省略。

食材	作法

香辣醃漬蝦仁．1盒
酪梨．1/2顆（切大塊）
紅蔥頭．1瓣（切碎）
香菜．1束（只取葉，切碎）
檸檬汁．1小匙
鹽．適量
黑胡椒．適量

1　加熱平底鍋，不倒油，直接放入香辣醃漬蝦仁平鋪，烤熟兩面。

2　在大碗中加入蝦仁、酪梨塊、紅蔥頭碎、香菜碎、檸檬汁拌勻，以鹽及黑胡椒調味即完成。

蝦仁．香辣風味醃漬變化

油泡香辣蒜味蝦佐烤麵包片

這道食譜是以熱油將蝦仁泡熟的方式，吃起來非常鮮嫩甘甜，蝦味與醃漬香料滲入油中，再以烤麵包沾著橄欖油吃，是一道很美味的開胃小菜。

食材	作法

香辣醃漬蝦仁．1盒
大蒜．2瓣（切片）
鹽．適量
巴西利．適量（切碎）
長棍麵包．數片

1　平鋪香辣醃漬蝦仁（不要重疊）在平底鍋中，加入蒜片，倒入剛好蓋過蝦仁的橄欖油量。

2　開中大火加熱，等油一滾即熄火，撒上適量鹽、巴西利碎後放涼。

3　將長棍麵包切片，以180度C烤至表面上色後取出，搭上步驟2的油泡蝦仁一起享用。

PART

5

預漬蔬菜的常備菜

比起肉品、海鮮,蔬菜的預漬非常簡單製作,但卻是好好用的臨時加菜幫手。尤其是在蔬菜盛產的季節裡,如果趁便宜多買了一些,也不用擔心,拿一部分來做美味的預漬吧,是一年四季都好用的食譜,就算是新手也能輕鬆完成!

VEGETABLES

適合預漬的蔬菜

預漬蔬菜是最容易完成的初級常備菜，運用四季的蔬果加以變化成各種小菜冰存，能應付臨時需要菜色的時候。本篇章的預漬蔬菜包含了葉菜類、根莖類、椒類、豆類…等，做好後以保鮮盒或保鮮罐冰存，大多可冷藏1-2天。預漬好的蔬菜有的可以直接吃，有的需靜置入味才會滋味更好，以下介紹不同蔬菜的處理注意：

1

葉菜類

葉菜類適合先汆燙過後再做醃漬的動作，以去除特有的澀味。通常，我習慣備一鍋加了少許鹽的滾水鍋，快速燙過葉菜類後，就立即過冰水或冷水降溫，以切斷繼續加熱的過程，這樣成品的口感會較為爽脆。適合涼拌醃漬的葉菜類有菠菜、龍鬚菜、韭菜、油菜、青江菜…等。

2

根莖類

白蘿蔔、紅蘿蔔是最常見的根莖類了，一般可生食，但記得先撒鹽靜置、以去除澀味。夏季時盛產的蓮藕也是預漬、涼拌蔬菜的好選項之一，請選擇前端的部位，才會有脆感，一樣先用滾水燙一下，撈出後泡冰水後再與醃料混合。若想省去汆燙的過程，可選像是日本山藥這樣的根莖類，可直接拌醃料再生食，更為方便。

3

菇類

菇類是不需用水清洗的，我會用軟毛刷輕輕刷乾淨，或者用濕布擦乾淨後就直接烹調，同時要快速燙過後再做醃漬的動作。油漬是我很推薦的預漬法，一來能嘗到香料味道，二來是可以存放較久。

4

其他

甜椒也很適合預漬，但要先烤過去皮，才會讓口感更好、椒類內含的甜味也才能更明顯；瓜類的部分，最常見也最好買的是小黃瓜，它和葉菜類一樣，得先撒鹽抓醃、待水分滲出再做醃漬；另外還有四季豆、黃豆芽也都適合拿來漬，備一鍋加1小撮鹽的滾水，汆燙約2-3分鐘後再泡冰水降溫一下就好，以免甜味流失、口感太軟了。

1

麻香好滋味

椒麻高麗菜

吃膩了炒高麗菜嗎？改做這道椒麻口味的來試試看，微微辣香和高麗菜的清甜非常合拍，又能消化容易用不完的高麗菜喔。

保存方式	保存期限
冷藏	1-2天

食材

高麗菜·1/4顆
（只取菜，撕小片）
鹽·1小匙
香油·1小匙
花椒·1小匙
乾辣椒·1大匙
白醋·1小匙

作法

1　將撕成適口大小的高麗菜放入大碗，加入鹽抓勻，醃10分鐘後，將水倒掉。

2　加熱平底鍋，以小火加熱1大匙植物油及香油，放入花椒、乾辣椒炒成花椒香油，炒出香味後熄火。

3　將高麗菜、花椒香油、白醋倒入保鮮罐，混拌均勻，放2小時以上即可享用或冰存。

香氣十足很開胃

讚不絕口拌水蓮

這個配方是我特別喜歡的，研究了很久，用的食材皆是具有南洋風味的醃漬料理，香氣十足，是非常開胃的脆口小菜。

保存方式	保存期限
冷藏	2天

食材	作法

食材

水蓮・180g
（市售1包，切5cm段）
蝦米・1大匙
辣椒・1/2根（切末）
薑末・2小匙
蒜末・2小匙
紅蔥頭末・2小匙
咖哩粉・2小匙
蠔油・2小匙

作法

1　將蝦米泡水10分鐘，瀝乾後切碎，備用。

2　備一加了少許鹽和油的滾水鍋，放入水蓮汆燙20秒，撈起泡冰水後瀝乾。

3　加熱平底鍋，倒入油，放入蝦米碎、辣椒末、薑末、蒜末、紅蔥頭末先炒香，再加咖哩粉拌炒均勻，盛起放涼，備用。

4　將水蓮放入保鮮罐，倒入步驟3的料、蠔油拌勻後即可享用或冰存。

3 迷人的微微果香
橙香涼拌白玉蘿蔔

台灣的白玉蘿蔔的口感細緻而爽脆，
很適合拿來涼拌醃漬，加上柳橙皮，
多了一股柑橘的清香氣息。

保存方式	保存期限
冷藏	2天

食材	作法

食材

白玉蘿蔔·300g
（切3mm薄片）
鹽·1小匙
柳橙·1/2顆
細砂糖·50g
白醋·50ml

作法

1　將細砂糖、白醋倒入鍋中，煮滾後放涼備用。

2　以削皮刀刨柳橙皮，切掉白色部分，再切細絲，備用。

3　將白玉蘿蔔薄片鋪在平盤上，撒上鹽稍微混合均勻，放置10分鐘。

4　擠掉白玉蘿蔔水分，放入保鮮罐中，加入柳橙皮絲、步驟1的汁拌一拌，放冰箱冰4小時以上即可享用或冰存。

滿滿的蔬菜甜味

油漬烤時蔬

甜椒烤過之後去皮，其口感會變軟滑且甜味更明顯，還帶有煙燻的香氣。除了甜椒、櫛瓜之外，茄子、磨菇、菱白筍…等，也都適合當來做這道料理。

保存方式	保存期限
冷藏	2天

食材

紅椒・1顆
黃椒・1顆
櫛瓜・1條（切5mm圓片）
大蒜・1瓣（切片）
鹽・適量
黑胡椒・適量

作法

1　在瓦斯爐上架烤肉網，放上整顆紅黃椒，將外表烤至焦黑（或將甜椒放入烤箱，以220度C烤約20-30分鐘至表面焦黑，中途須翻面），備用。

2　取出甜椒，趁熱放入大碗中，用保鮮膜包起來，放涼後去除表皮（表皮會因為熱氣軟化，比較好剝除）。

3　加熱橫紋烤盤，放入櫛瓜片烤至上色後夾出（或與甜椒一起入烤箱烤）。

4　將步驟2的甜椒切長條，與櫛瓜放入保鮮罐，加鹽、黑胡椒、蒜片先拌一拌，再淋上適量橄欖油拌合，放約2小時即可享用或冰存。

5 溫和醬汁讓土味不見

涼拌明太子紅蘿蔔緞帶

由於紅蘿蔔本身有特殊的土味,所以
製作這道小菜時,記得要浸久一點、
完全浸到紅蘿蔔才行。對了,用山藥
(生拌)、蓮藕(切薄片快速燙一下),
也都可以用此配方涼拌。

保存方式	保存期限
冷藏	2天

食材

紅蘿蔔・1小根(刨成薄片)
明太子・1大匙
檸檬汁・1小匙
美乃滋・1大匙
鹽・少許

作法

1　紅蘿蔔薄片放入大碗中,撒上少許鹽靜
　　置10分鐘,再擠乾水分。

2　加熱平底鍋,倒入油,放入明太子炒至
　　變色後取出。

3　在保鮮罐中加入炒過的明太子、美乃
　　滋、檸檬汁混合均勻,再加入紅蘿蔔薄
　　片拌勻,放冰箱醃2小時以上至入味才
　　可享用。

用醃汁做自然熟成

越式涼拌白花椰

這個配方的醃汁帶有酸酸甜甜的味道，屬於東南亞風味，是炎熱天氣的下飯好菜。白花椰不需事先燙過喔，而是用熱醃汁浸泡，主要爲了讓它保持爽脆的口感。

保存 方式	保存 期限
冷藏	2週

| 食材 | | 作法 |

白花椰菜・1/2顆（切小朵）
紅蘿蔔・50g（切細條）
紅蔥頭・1瓣（切小塊）
辣椒・1根（切小塊）
大蒜・1瓣（切片）
鹽・2小匙

〔**醃汁**〕
水・1杯
白醋・1杯
細砂糖・1/2杯

1　將白花椰菜、紅蘿蔔條放入大碗中，均勻撒上鹽，靜置30分鐘。

2　以冷開水沖洗乾淨步驟1的蔬菜並瀝乾水分。

3　在小鍋中倒入醃汁材料，煮滾至細砂糖融化後熄火。

4　將所有蔬菜、蒜片、紅蔥頭塊、辣椒塊放入保鮮罐中，倒入步驟3的熱醃汁，放涼後，蓋上蓋子，放冰箱冰2天至入味再享用。

和飯粥都很搭

蠔油檸香金針菇

金針菇富含膳食纖維，其營養價值高，不過因爲它本身的滋味非常清淡，所以加上蠔油與魚露提味。在夏天裡，冰冰涼涼地吃，會覺得相當爽口。

保存方式	保存期限
冷藏	2天

食材

金針菇‧200g（1包）
紅蘿蔔‧50g（切絲）
大蒜‧1瓣（切碎）
香菜‧1枝（切粗碎）
蠔油‧2小匙
魚露‧1小匙
檸檬汁‧1小匙
鹽‧少許

作法

1 備一加了少許鹽的滾水鍋，先放入紅蘿蔔絲汆燙一下，再燙熟金針菇，兩項食材一起泡冰水，瀝乾後再擠乾水分。

2 將步驟1的食材放入保鮮罐中，加入剩下食材拌勻，靜置一下即可享用或冰存。

簡單做的家常小菜

蔥花蒜香黃豆芽

黃豆芽不像綠豆芽一樣，一般綠豆芽只要稍微燙一下就好，但是黃豆芽必須要徹底煮熟才行，以免吃了腹瀉。烹煮時，加蓋煮的話，可以去除土味喔。

保存方式	保存期限
冷藏	2天

食材	作法

食材

黃豆芽‧300g
鹽‧少許

〔醃料〕
黑胡椒‧適量
鹽‧1/2小匙
細砂糖‧1/2小匙
香油‧2小匙
大蒜‧1瓣（切末或壓成泥）
蔥花‧1大匙

作法

1　摘掉黃豆芽尾端鬚的部分後洗淨。
2　備一加了少許鹽的滾水鍋，加蓋煮4分鐘，熄火後再燜1分鐘，撈出再沖冷開水並瀝乾水分。
3　將黃豆芽倒入保鮮罐，倒入醃料（除香油外）拌勻，最後淋上香油拌勻，放冰箱醃1小時以上至入味才可享用。

南國的辣香滋味
泰式涼拌紫高麗菜

美麗顏色的紫高麗菜含有抗氧化的花青素,而且生食的營養價值更高。將紫高麗菜仔細洗淨後,切成細絲或有點寬度的粗條都可以,做脆口又微辣的涼拌菜。

保存方式	保存期限
冷藏	1-2天

食材

紫高麗菜·1/4顆(去芯切絲)
香菜·1束(切粗碎)
薄荷·幾葉(切粗碎)
九層塔·1枝(切粗碎)
花生碎·1大匙
鹽·適量

〔醃汁〕
辣椒·1/2根(切碎)
大蒜·1瓣(切碎)
魚露·2大匙
細砂糖·1大匙
檸檬汁·2大匙

作法

1 將紫高麗菜絲放入大碗中,加入適量鹽抓一下,靜置30分鐘。

2 擠乾紫高麗菜絲的水分,另將醃汁材料拌勻,備用。

3 在保鮮罐中放入紫高麗菜絲和剩下的食材,倒入醃汁後拌勻,放冰箱冰2小時以上至入味再享用。

浸漬後充滿香料氣息

10 義式油醋蕈菇

如果先將保存容器消毒過並擦乾至無水分，再倒入菇類以及能夠完全蓋過菇類的油量，此道小菜就可保存約2週。

保存方式	保存期限
冷藏	2天

食材

綜合菇類・200g
（杏鮑菇、香菇　等，切3-4mm薄片）
蒜末・1小匙
鹽・1/4小匙
乾的奧勒崗・1小撮
橄欖油・20ml

〔煮汁〕
水・200ml
白酒醋・75ml
黑胡椒粒・5顆
月桂葉・1片

作法

1　將煮汁材料倒入鍋中，煮滾後加入菇類，以中火煮7分鐘。

2　撈起菇類，瀝乾後，平鋪在廚房紙巾上，靜置20分鐘至乾。

3　在保鮮罐中加入蒜末、鹽、乾的奧勒崗、步驟2的菇類拌勻，再倒入橄欖油拌勻，即可直接享用或冰存。

11
夏日裡的必備小菜
涼拌辣味小黃瓜

在小黃瓜盛產的時節時，總是忍不住想多買一些囤起來放著，不妨用這個有點韓式風味的配方來醃漬大量的小黃瓜吧，非常香辣爽口喔。

保存方式	保存期限
冷藏	2天

食材	作法

小黃瓜・2根
（切5mm厚圓片）
鹽・1小匙

〔醃料〕
細砂糖・1小匙
白醋・1小匙
大蒜・1瓣
蔥・1根
芝麻油・1小匙
韓式辣椒粉・1大匙
白芝麻・1小匙

1　小黃瓜片置入大碗中，撒上鹽靜置10分鐘，等出水後擠乾水分，備用。

2　在保鮮罐中先加入醃料混合均勻，再加入小黃瓜片拌勻，放冰箱冰2小時以上至入味再享用。

12 簡單做的家常小菜
蒜香四季豆

蒜香四季豆雖然是非常家常的小菜之一，但我多加了小番茄來提味，讓醃汁又多了一點開胃的酸，同時增添美麗的色彩、更引起食慾。

保存方式	保存期限
冷藏	2天

食材

四季豆‧200g
（或醜豆，切5cm段）
小番茄‧3顆（切小丁）
蒜末‧1小匙
鹽‧1/2小匙
黑胡椒‧適量
香油‧1小匙

作法

1 備一加了少許鹽的滾水鍋，放入四季豆煮約2-3分鐘至熟。

2 撈起四季豆，瀝乾後泡冷水，然後再次瀝乾水分。

3 將四季豆、小番茄丁放入保鮮罐，加入鹽、黑胡椒、蒜末拌勻後，再淋上香油拌勻，放至入味後享用或放冰箱冰存。

13 豆豉薑絲龍鬚菜

吃得到蔬菜脆感

為讓龍鬚菜的口感更佳，建議先用滾水鍋稍微燙過並且泡過冰水，
這樣龍鬚菜不僅能保持好看的綠色、也更加好吃。

食材	作法

食材

龍鬚菜・1把
嫩薑絲・1小撮
辣椒・1/2根（切絲）
大蒜・1瓣（切碎）
豆豉・1.5小匙
鹽・1小匙
鰹魚粉・少許

作法

1　備一加了鹽的滾水鍋，放入龍鬚菜燙熟，撈起泡冰水後瀝乾，備用。

2　加熱平底鍋，倒入1大匙油，加入大蒜碎、豆豉、辣椒絲，稍微炒香後熄火。

3　在保鮮盒中加入步驟2的料，加入嫩薑絲、鹽、鰹魚粉，倒入龍鬚菜拌勻，放冰箱至少1小時至入味後再享用。

保存方式　冷藏

保存期限　1-2天

酸辣的異國風味

14 義式涼拌圓茄

一般處理茄子時，常見到是用「過油」的方式，但義大利人會將茄子撒上鹽，再靜置數小時或隔夜，逼出水分後再煎，這樣做好的成品效果一樣滑口。

食材

圓茄・2顆（切8mm片）
鹽・2小匙

〔醃料〕
大蒜・1瓣（切碎）
辣椒・1/2根（切碎）
巴西利・1枝（切碎）
紅酒・1大匙

作法

1 將茄子片平鋪在大盤子中，撒上鹽，放至冰箱冰隔夜。
2 取出茄子片，用手擠乾水分。
3 加熱平底鍋，倒入橄欖油，放入茄子片，將兩面煎至微上色。
4 茄子片和醃料倒入保鮮罐，拌勻後放冰箱2小時以上至入味後即可享用。

保存
方式

保存
期限

冷藏

2天

簡單做的和風小菜

蟹肉味噌綠花椰

用稍微重口味的味噌搭配清爽的蔬菜，再加了柔軟微甜的蟹肉棒絲，是一道無負擔的小菜；可以選擇自己喜愛的味噌口味來做這道料理。

食材

綠花椰菜・1顆（切成小朵）
蟹肉棒・3條

〔**醃汁**〕
細砂糖・1/2大匙
味噌・1大匙
味醂・1/2匙

作法

1　將蟹肉棒分成一絲一絲，洗淨小朵綠花椰菜，備用。

2　備一加了少許鹽的滾水鍋，將綠花椰菜燙熟，撈起泡冰水後瀝乾，備用。

3　在保鮮罐中加入醃汁材料，先將醃汁拌勻，再加蟹肉絲、綠花椰菜拌勻，即可直接享用或冰存。

保存方式

冷藏

保存期限

2天

作者	Winnie 范麗雯
主編	蕭歆儀
特約攝影	王正毅
封面與內頁設計	D-3 design
插畫	Nina
出版總監	黃文慧
行銷企劃	莊晏青、陳詩婷

| 社長 | 郭重興 |
| 發行人兼出版總監 | 曾大福 |

出版者	幸福文化
地址	231 新北市新店區民權路108-2號9樓
電話	02-2218-1417
傳真	02-2218-8057
電郵	service@bookrep.com.tw
郵撥帳號	19504465
客服專線	0800-221-029
部落格	777walkers.blogspot.com
網址	www.bookrep.com.tw
法律顧問	華洋法律事務所 蘇文生律師

印製	凱林彩印股份有限公司
電話	02-2794-5797
初版一刷	西元 2018 年 5 月

Printed in Taiwan

Santé08

半調理醃漬常備菜：

5分鐘預先醃漬，
讓週間菜色一變三的快速料理法

國家圖書館出版品預行編目(CIP)資料

半調理醃漬常備菜：5分鐘預先醃漬，
讓週間菜色一變三的快速料理法
/ Winnie 范麗雯著. -- 初版. -- 新北市：
幸福文化, 2018.05
面；　公分. -- (Sante ; 8)
ISBN 978-986-95785-8-5(平裝)

1.食譜 2.食物酸漬 3.食物鹽漬

427.75　　　　　　v107004796

塩麴 自然味噌 甘醇餘韻

無添加 防腐劑、人工味精

榮獲 **歐洲** 飲食權威青睞

風味絕佳 獎章

銀髮友善食品

榮獲農委會2017評選 銀髮友善食品

「鹽麴」是日本家喻戶曉的調味聖品，以米麴、海鹽和水 天然醱酵釀成，用於取代味精、醬油…等調味料， 另用於醃漬可軟化食材，提升食物鮮美甘甜風味。

➤ 炒、煮、拌、醃簡單一匙給予豐富美味
➤ 無添加、天然無負擔
➤ 添加海洋濃縮礦物質液，有益健康維持

全省大潤發、愛買、惠康及台塩直營門市均有售

TAIYEN 台塩生技 │ 消費者服務專線0800-230-990 │ 服務網址 www.tybio.com.tw

PRESERVED
FOOD !